SIX SIGMA DE UN VISTAZO

GUÍA PARA OBTENER UN 99,99966% DE EFICIENCIA

6σ

A mi esposa, Desislava, mi mayor motivación para ser "cero defectos"

Contenido

0.- Prólogo

En un mundo en que la tecnología es cada vez más competitiva y las exigencias de calidad son cada vez más elevadas resulta imprescindible para las empresas disponer de un sistema o una metodología que garantice los niveles de calidad impuestos tanto por sus propias normas internas como por las necesidades de los clientes. Contar con la metodología de calidad adecuada podría marcar la diferencia para cualquier compañía que aspira llegar a ser líder en su sector y gozar del reconocimiento tanto de sus clientes como de sus competidores.

Six Sigma (o Seis Sigma) es una metodología de mejora de calidad. Puede ser utilizada tanto para el diseño de procesos como para la optimización y mejora de los mismos. El objetivo de la metodología *Six Sigma* es la de reducir el número de defectos que suceden en un proceso hasta la cantidad de 3,4 defectos por cada millón de veces que se repite dicho proceso. La razón de utilizar la letra Sigma se debe al significado estadístico de la misma, ya que la base principal de dicha metodología es el cálculo estadístico. El término Sigma es un término estadístico que mide cuánto se ha desviado un proceso de la perfección.

Para tener una idea más clara pondremos un ejemplo: el viaje de una maleta en avión. En este caso nuestro proceso u oportunidad será el camino que recorre una maleta desde que el pasajero la deja en el mostrador de facturación hasta que la recoge en la cinta de equipajes en el aeropuerto de destino. En términos de este proceso, siempre que se retrase la entrega de la maleta o si incluso se pierde lo consideraremos un defecto. Según la Asociación Europea de Aerolíneas, en 2005 la pérdida/retraso de maletas fue la siguiente según cada línea aérea:

Compañía Aérea	Maletas perdidas por millón
Iberia	18.400
Lufthansa	16.700
Austrian Airlines	15.200
Swissair	8.400
Turkish Airlines	4.600

Como podemos observar ninguno de estos procesos llegan al nivel *Six Sigma*. Con ello quiero remarcar que alcanzar el nivel *Six Sigma* es una meta ambiciosa y no fácil de conseguir, pero eso no significa que las compañías aéreas estén haciendo un mal trabajo como podríamos pensar; de hecho, son bastante más eficientes de lo que creemos. Para hacernos una idea, los niveles de Sigma son:

1 Sigma	→	690.000 defectos por millón	→	31% de eficiencia
2 Sigma	→	308.538 defectos por millón	→	69% de eficiencia
3 Sigma	→	66.807 defectos por millón	→	93,3% de eficiencia
4 Sigma	→	6.210 defectos por millón	→	99,38% de eficiencia
5 Sigma	→	233 defectos por millón	→	99,977% de eficiencia
6 Sigma	→	3,4 defectos por millón	→	99,99966% de eficiencia

Como podemos ver todas las compañías aéreas excepto Turkish Airlines logran un nivel 3 Sigma, mientras que Turkish Airlines logra un nivel 4 Sigma. La pregunta es ¿qué nivel es suficiente para mi proceso? Si pensamos objetivamente, una eficiencia del 99,38% es un nivel de calidad realmente alto; la mayoría de los procesos que ahora nos vienen a la cabeza no necesitan un nivel de calidad 6 Sigma. Obviamente nos gustaría que así fuera, pero hay que tener en consideración los costes que podría implicar la mejora. Cuanto más optimizado está un proceso, más costes implica el "refinarlo" para optimizarlo aún más. Es posible que aumentar el nivel de calidad de un proceso desde 1 Sigma a 3 Sigma cueste (por poner un ejemplo) una inversión de 100.000 €. Eso quiere decir que con 100.000 € conseguiríamos una mejora de la eficiencia de un 62,3%. En cambio, un proceso como el de Turkish Airlines, con un nivel 4 Sigma, está tan optimizado que la aplicación de unas medidas de mejora suficientes como para aumentar su nivel de calidad a 5 Sigma costarían mucho más que esos 100.000 € (hasta 20 veces más según el caso) y después de tanto esfuerzo la mejora de su eficiencia sería solamente del 0,60%.

Por ello, antes de comenzar a investigar la metodología *Six Sigma* y aplicarla a un proceso hay que considerar su idoneidad para dicho proceso. ¿Necesito un estándar tan alto de calidad? ¿Estoy dispuesto a realizar la inversión necesaria para conseguirlo? ¿Qué beneficios económicos va a reportar a mi empresa?

Si la respuesta a todas esas preguntas es "Sí", entonces sigamos adelante.

Capítulo 1: Introducción, estructura y definiciones

1.1.- Introducción

Un proyecto de optimización *Six Sigma* se basa en la correcta modelización matemática Y=f(X) de un proceso y su posterior optimización hasta alcanzar el nivel calidad *Six Sigma* deseado. Aunque existen varios modelos de proyectos *Six Sigma*, en este libro nos centraremos en el que quizás sea el más utilizado de todos: El denominado *DMAIC*. Su nombre proviene de las siglas de los nombres en inglés de las fases que componen el proyecto:

D: *Define*

M: *Measure*

A: *Analyze*

I: *Improve*

C: *Control*

En la primera fase, llamada *Define* o fase de Definición se define el proceso a optimizar. Aunque a priori puede resultar una tarea sencilla o incluso absurda, aquellos con experiencia en la optimización de procesos ya sabrán lo complicado que resulta el poder acotar y definir correctamente un proceso adecuadamente. Dicha definición debe incluir lo siguiente:

- Punto de inicio del proceso.
- Hitos del proceso.
- Variables del proceso.
- Punto final del proceso.
- Requerimientos del proceso o CTQs (*Critical To Quality*).

Al final de esta fase se deberá tener un mapa del flujo del proceso completamente detallado sobre el que habrá que trabajar y optimizar.

En la segunda fase, *Measure* o fase de Medición, se busca un sistema de medida fiable que nos proporcione datos tanto de las Variables del Proceso como de las CTQs. Estos valores pueden ser tanto continuos (medidas de tiempo, peso de una maleta) como discretos (número de operarios, número de traslados). Para comprobar la fiabilidad del sistema de medida una vez definido se utilizan herramientas estadísticas como el *Gage R&R*. La identificación de las variables y la validación del sistema de medida de las mismas es de importancia capital en un proyecto *DMAIC*. Del sistema de medida depende en gran parte el éxito o fracaso del proyecto.

En la tercera fase, *Analyze* o fase de Análisis, se estudian todas las variables identificadas que posean un método de medida fiable, definiendo cuáles de ellas afectan o no al proceso y en qué medida lo hacen. Para ello se suele recurrir a los datos históricos del proceso, aquellos datos recopilados durante el tiempo que el proceso ha estado en funcionamiento (pueden ser días o años). El final de este análisis concluye con un modelo matemático que proporciona la siguiente información:

- Variables que afectan al proceso.
- Impacto de dichas variables en el proceso.
- Causas de la variabilidad de las mismas.
- Oportunidades de mejora.
- Valores óptimos del modelo.
- Potencial de mejora y eficiencia teórica final del proceso optimizado.

En la cuarta fase, *Improve* o fase de Mejora, se diseña un plan de actuación sobre aquellas variables marcadas como susceptibles de mejora y se aplican todos los cambios necesarios en el proceso para que se alcance el máximo acercamiento posible a la eficiencia teórica definida en la fase anterior. En esta fase las palabras dejan paso a la acción. Ya hemos identificado las variables que hay que modificar y cuáles son los valores óptimos de las mismas. Por ejemplo, puede que descubramos que se necesitan más (o menos) operarios en una cinta transportadora, o que la ruta del carro de equipajes o la velocidad de carga de maletas en el avión deben adaptarse a unos valores específicos. Todos esos cambios se implementan durante esta fase.

En la quinta y última fase, *Control* o fase de Control, se verifican los cambios implementados en el proceso y, utilizando los mismos métodos de medida utilizados en la fase *Measure*, se obtienen los valores finales de mejora u optimización del proceso. Al mismo tiempo se instalan en el proceso controles para las variables críticas del proceso que aseguren que los valores de las mismas no se salen del rango establecido como óptimo durante la fase anterior. Estos controles proporcionarán solidez al proceso a lo largo del tiempo y permitirán detectar desviaciones instantáneamente. Por último se documenta todo el proyecto.

1.2.- Estructura del proyecto

La estructura de un proyecto *Six Sigma* puede definirse en 12 pasos:

Fase/Paso	Descripción	Herramientas	Objetivos
DEFINE			
A	Indentificar las CTQs del proyecto		CTQs
B	Creación del equipo		Equipo de trabajo
C	Definir el mapa de procesos		Mapa de procesos a primer nivel
MEASURE			
1	Selección de CTQs	Cliente, QFD, FMEA	Variable Y del proyecto
2	Acotar el valor de Y	Cliente, Datos	Valor aceptable de Y
3	Análisis del sistema de medida	Gage R&R, Test/Retest, Att R&R	Recogida de datos históricos
ANALYZE			
4	Establecer capacidad del proceso	Índices de Capacidad	Capacidad de la variable Y
5	Definir objetivo acotado de Y	Equipo, Benchmarking	Objetivo de mejora de Y
6	Identificar fuentes de variabilidad	Análisis de procesos, Análisis gráfico, Prueba de Hipótesis	Lista priorizada de Xs
IMPROVE			
7	Visualizar Causas Potenciales	DOE	Lista de Xs críticas
8	Descubrir Relación entre Variables	Diseños factoriales	Propuesta de Soluciones
9	Marcar Tolerancias Operacionales	Simulación	Prueba Piloto de la Solución

CONTROL			
10	Definir y Validar el Sistema de Medida de las Xs tras las Modificaciones	Gage R&R, Test/Retest, Att R&R	MSA
11	Establecer Capacidad del Proceso	Índices de Capacidad	Capacidad de variables Y, X
12	Implantar un Control del Proceso	Gráfica de Control, FMEA	Solución Estable, Documentación

1.3.- Definiciones

Como toda metodología, el sistema *Six Sigma* tiene su propio vocabulario, que utilizaremos a partir de ahora para definir los términos más importantes. Se muestran por orden alfabético para poder localizarlos con mayor facilidad:

ALT: *Accelerated Life Test*. En español se traduciría como Ensayo de Vida Acelerada. Consisten en ensayos destinado a reproducir de manera controlada y rápida las condiciones a las que un determinado elemento o producto pueda hacer frente a lo largo de su vida útil

ANOVA: *ANalysis Of* VAriance. Es un análisis estadístico que consiste en separar la contribución de cada fuente de variación en la variación total observada.

ARMI Model: *Approval, Resource, Member, Interested Party*. Es un modelo utilizado para definir los roles y responsabilidades de cada uno de los miembros del equipo.

Black Belt (BB): Del inglés, Cinturón Negro, es el segundo grado de dominio *Six Sigma*. Un *Black Belt* puede asumir la dirección de un proyecto y guiar a varios *Green Belt* (primer grado). Por norma general para acceder al nivel de *Black Belt* se debe primero estar certificado como *Green Belt*. Para conseguir la certificación *Black Belt* hay que realizar una formación más intensa que la de un *Green Belt* (equivalente a la de un Máster de un año), realizar un nuevo examen y llevar a cabo al menos dos proyectos complejos *Six Sigma* en los que haya tenido que dirigir a un equipo de *Green Belt*.

CAP Tools: *Change Acceleration Process Tools*. En español Herramientas del Proceso de Aceleración del Cambio. Son herramientas utilizadas para acelerar un proceso de cambio según las necesidades de la empresa.

Causa: En un *FMEA*, es la deficiencia que produce el Modo de Fallo. Las causas son las fuentes de la variabilidad asociada a las variables de las Aportaciones de los Procesos Clave.

CTQ: *Critical To Quality*. Es aquella característica que satisface un requerimiento clave del proceso.

Dato Continuo: También conocido como Dato No Discreto, es aquél dato que puede tomar un número infinito de valores dentro de un cierto intervalo: Tiempo transcurrido entre dos sucesos, velocidad, peso, etc.

Dato Discreto: También conocido como Dato Categórico o Discontinuo, es aquél dato que sólo puede tomar un número finito de valores: Número de personas de un grupo, OK/NOK, etc.

Desviación típica: También denominada Desviación Estándar, y denotada por al símbolo σ, es una medida de la dispersión de los diferentes valores de un grupo determinado de estudio.

Distribución Normal: También denominada Distribución Gaussiana (en honor a su inventor, Carl Fiedrich Gauss) es la representación gráfica de una función denominada por la expresión:

$$f(x) = ae^{-\frac{(x-b)^2}{2c^2}}$$

El área bajo la curva se utiliza ampliamente en estadística para modelizar la distribución de probabilidades de muchos procesos naturales.

DOE: *Design Of Experiments*. En español Diseño de Experimentos, es una metodología utilizada para diseñar las condiciones ideales de un producto, proceso o servicio para que cumpla con nuestras expectativas usando el mínimo número de experimentos o pruebas. El DOE es muy útil cuando tenemos entre manos un producto complicado cuyo resultado puede depender de una gran cantidad de variables que no controlamos y que debemos ajustar para optimizarlo.

DPMO: *Defects Per Million Opportunities*. En español "Defectos por millón de oportunidades", es la unidad de medida Six Sigma.

Efecto: En un *FMEA*, es el impacto que se produce en el cliente si el Modo de Fallo no es prevenido o corregido correctamente.

FMEA: *Failure Mode Effect Analysis*. Es una herramienta de análisis del modo en que puede fallar una variable y su efecto en el proceso.

Fishbone: El Diagrama *Fishbone* (en español, Espina de pez), también llamado Diagrama Grandal, Diagrama Causa-Efecto o Diagrama Ishikawa, es una representación gráfica que relaciona un efecto dentro de un proceso con todas sus posibles causas.

Gage R&R: *Gage Repeatability and Reproducibility*. El Sistema *Gage R&R* se utiliza para estudiar la exactitud de un sistema de medida dentro de un proceso. El término *R&R* se refiere a cómo de repetitivos o reproducibles son los resultados del sistema de medida independientemente del observador y la instrumentación utilizada.

Gestión de Riesgos: Del inglés, *Risk Management*, la Gestión de Riesgos aplicada a *Six Sigma* es el proceso de identificar, analizar y cuantificar las probabilidades de pérdidas y efectos secundarios que se desprenden de los fallos, así como de las acciones preventivas, correctivas y reductivas correspondientes que deben emprenderse.

GRPI Checklist: *Goals, Roles, Processes, Interpersonal relationships*. Es un cuestionario utilizado para cohesionar un grupo y convertirlo en un equipo o para descubrir las causas por las que un equipo no funciona como tal.

Green Belt (GB): Del inglés, Cinturón Verde, es el primer nivel de dominio *Six Sigma*. Un *Green Belt* suele ser el motor activo durante un proyecto *Six Sigma*. Por norma general un *Green Belt* debe recibir un curso de formación de duración media, realizar un examen y llevar a cabo al menos dos proyectos sencillos *Six Sigma* para obtener su certificación.

LSL: Del inglés *Lower Specification Limit*, es el Límite Inferior de Tolerancia de un Proceso.

Mapa de Procesos: Se trata de la representación gráfica de las etapas, operaciones, eventos e interacción entre los Recursos dentro de un Proceso.

Media: A diferencia de la Media Aritmética o Promedio, en este libro utilizaremos la denominada Media Poblacional, representado por el símbolo μ. Técnicamente no es una media sino un parámetro fijo que coincide con la esperanza matemática de una variable aleatoria.

Master Black Belt (MBB): Es una certificación que justifica un dominio perfecto de la metodología *Six Sigma*. Debe haber sido certificado *Black Belt*, haber recibido formación complementaria y, tras superar un examen, haber realizado un proyecto *Six Sigma* a nivel Corporativo.

Modo de Fallo: Es la forma en la que un producto/proceso no cumple con las especificaciones. Normalmente está asociado a un defecto o a una no conformidad.

Monte Carlo: Se trata de una simulación matemática que se basa en simular la realidad a través del estudio de una muestra que se ha generado de forma totalmente aleatoria.

Oportunidad: Una oportunidad es toda vez que se realiza el proceso (cada maleta que se factura, por ejemplo)

Pareto: El gráfico Pareto es la representación gráfica del Principio de Pareto, el cual establece dos grupos de proporciones 80-20 tales que el grupo minoritario, formado por un 20 % de población, ostenta el 80 % de algo y el grupo mayoritario, formado por un 80 % de población, el 20 % restante de ese mismo algo.

Prueba de Hipótesis: Del inglés *Hypothesis Testing* y también denominado Aproximación del valor P, es una prueba estadística que se utiliza para determinar si existe suficiente evidencia en una muestra de datos para inferir que cierta condición es válida para toda la población.

QFD: *Quality Function Deployment*. En español, Despliegue de la Función de Calidad es un método de calidad utilizado para transformar las necesidades del cliente en valores utilizables en el diseño de un proceso o un producto.

Rendimiento Clásico Y_C: Es el nº de piezas libres de defectos dividido entre el número de piezas obtenidas al final de todo un proceso.

Rendimiento de Primera Pasada Y_{FT}: Es el nº de piezas libres de defectos dividido entre el número de piezas introducidas al inicio de un proceso.

Rendimiento Real o Estándar Y_{RT}: Es la probabilidad de pasar por todos los pasos de un Proceso sin defectos.

Repetitividad: Variación observada cuando el mismo operador/instrumento mide el mismo elemento.

Reproducibilidad: Variación observada cuando un operador/instrumento diferente mide el mismo elemento.

RPN: *Risk Priority Number*. En español Valor de Prioridad del Riesgo, es un valor numérico utilizado en un *FMEA* para priorizar los diferentes Modos de Fallo.

SIPOC: *Suppliers, Inputs, Process, Outputs, Customer*. En Español Proveedores, Aportes, Proceso, Resultado y Cliente. Es el orden de realización de un proceso.

SPC: *Statistical Process Control*. Es una herramienta estadística que define la capacidad y rendimiento de un proceso.

USL: Del inglés *Upper Specification Limit*, es el Límite Superior de Tolerancia de un Proceso

Varianza: Se trata del cuadrado de la Desviación Típica, σ^2.

VoC: *Voice of the Customer*. En español, La Voz del Cliente. Al final de todo, la finalidad de un proyecto *Six Sigma* es la de cumplir con unos requerimientos de calidad de nuestro cliente interno. Esos requerimientos se denominan VOC.

Capítulo 2: *DEFINE*

2.1.- Introducción

El objetivo principal de la fase *Define* es la de identificar claramente y de forma medible el proceso o producto que va a ser objeto de estudio y mejora. Por tanto, resulta de importancia capital para el éxito de todo el proyecto. Si la definición del proceso no es correcta, las medidas de mejora que apliquemos es muy probable que no den el resultado deseado.

Aparte de la definición del proyecto, otros objetivos a lograr en esta fase son los siguientes:

- Obtener los VOC necesarios para definir las necesidades de nuestro cliente interno
- Una vez identificadas esas necesidades traducirlas en CTQs
- Desarrollar un equipo para el proyecto. Dentro del equipo deberán también definirse el campo de acción del proyecto, *bussiness case*, roles de cada miembro del equipo e hitos del proyecto.
- Desarrollar un mapa de procesos a alto nivel que describa los cuatro o cinco pasos más importantes del proceso
- Obtener la aprobación formal para comenzar el proyecto.

Existen diferentes formas de que surja la posibilidad de realizar un proyecto *Six Sigma*. Normalmente nace de una necesidad de mejora en un proceso existente, pero también cabe la posibilidad de que surja a partir de una idea; ese tipo de ideas que suelen acabar revolucionando un proceso, un producto o una forma realizar ciertas tareas. Tanto en unos casos como en otros, y antes de comenzar a poner las herramientas *Six Sigma* en marcha dentro de una empresa, hay que pararse a pensar si estamos ante un buen proyecto o ante una potencial pérdida de tiempo. Podríamos decir que estamos delante de un buen proyecto *Six Sigma* cuando:

- Está claramente vinculado a los objetivos definidos por la empresa
- Está enfocado en solucionar un problema crítico para la empresa
- Tiene un impacto significativo en el funcionamiento de la compañía
- Ofrece sinergias con otros proyectos en marcha (a nivel local o internacional)
- Está relacionado con mejoras en el trabajo diario

También cabe la posibilidad de que no haya ni ideas que explotar ni necesidades a la vista que demanden un proyecto *Six Sigma*, pero ello no quiere decir que no pueda (o deba) desarrollarse uno. Muchas empresas recurren a herramientas específicas para "sacar a la luz" proyectos de mejora que, de no haber realizado un análisis específico, no se habrían detectado. Algunas de esas herramientas son:

- QFDs
- Encuestas
- Brainstorming
- Análisis de Procesos Críticos
- Conversaciones con el Cliente
- Análisis Financieros

Una vez tengamos ideas, *inputs* por parte del cliente o la necesidad de optimizar un proceso crítico, deberemos decidir no sólo si es un buen proyecto *Six Sigma*, sino también si es un proyecto que merece la pena llevar a cabo. Por eso hay que tener un criterio claro de selección de proyectos. En las empresas no suelen abundar los recursos disponibles, por lo que no debemos malgastarlos en proyectos que podrían parecer buenos a priori, pero que a la larga sólo gastan tiempo y dinero. Un Criterio de Selección de Proyectos debería tener en cuenta, al menos, los siguientes factores de éxito:

- El ámbito del proyecto es manejable
- Existe un defecto identificado
- Existe un impacto identificado
- Cuenta con el apoyo de la Dirección

Bien, ya tenemos una idea o una necesidad, la hemos analizado, sopesado y valorado en diferentes comités, obteniendo luz verde para convertirla en un proyecto *Six Sigma*. Es hora de comenzar.

2.2.- Identificar las CTQs del Proyecto

El flujo de cualquier proceso puede definirse grosso *modo* de la siguiente forma:

Cliente: Quien sea que reciba el Resultado del proceso. Puede ser interno o externo.

Resultado: *Es el material o conjunto de datos que resulta de la operación de un proceso*

Proceso: *El conjunto de actividades que hay que realizar para satisfacer las necesidades de tu cliente*

Aportación: *Es el material o conjunto de datos con el que trabaja el Proceso*

Proveedor: Quien sea que proporcione la Aportación para tu Proceso

Como ya hemos dicho las CTQs de nuestro proyecto las dicta el cliente, pero eso no quiere decir que sepa expresarlo de una forma que podamos utilizar como referencia en nuestro proceso. Por ejemplo, puede que nuestro cliente interno sea el Departamento de Calidad y su CTQ sea "que todo funcione bien". Está claro que es todo debe funcionar bien, pero, ¿Y qué considera el Departamento de Calidad que es "funcionar bien"? Esto suele ocurrir más a menudo de lo que nos gustaría. Incluso es posible que simplemente nuestro cliente no esté contento, pero no sepamos el por qué. A las necesidades de nuestro cliente se las denomina VOC (*Voice Of the Customer*, la Voz del Cliente) y existen varias formas de obtenerlas. Las tres más comunes son:

- Encuestas
- Grupos de Debate
- Entrevistas

Cada uno de ellos tiene sus puntos a favor y en contra

<u>Encuestas</u>

Pros:

- Costes de realización relativamente bajos.
- La respuesta a una encuesta telefónica suele ser del 70-90%
- Una encuesta por correo requiere una mínima cantidad de recursos formados.
- Produce resultados rápidos.

Contras:

- Las encuestas por correo pueden estar incompletas o no resultar claras.
- La respuesta a una encuesta por correo suele ser del 20-30%
- En la encuesta telefónica la interactuación del entrevistador puede influenciar las respuestas.

<u>Grupos de Debate</u>

Pros:

- La interacción dentro del grupo genera información.
- Las respuestas son de mayor profundidad.
- Es un método excelente para obtener directamente CTQs.
- Pueden cubrir cuestiones más complejas o abordar una mayor cantidad de temas.

Contras:

- Los datos obtenidos sólo pueden aplicarse al segmento que ha compuesto el grupo de debate, no se puede generalizar.
- Los datos obtenidos suelen ser más cualitativos que cuantitativos.
- Pueden generar mucha información anecdótica, pero no relevante.

<u>Entrevistas</u>

Pros:

- Pueden manejar preguntas complejas y un amplio rango de información.
- Permite el uso de ayudas visuales.
- Es una buena solución cuando no se obtiene una respuesta positiva por correo o telefónicamente.

Contras:

- Requiere una gran cantidad de tiempo.
- Requiere entrevistadores formados y preparados.

Una vez realizado el trabajo de obtención de las necesidades de nuestro cliente interno, debemos transformar esas necesidades en valores CTQs con los que podemos trabajar. Si a primera vista no conseguimos identificar las CTQs, podemos utilizar diferentes herramientas que nos resulten de utilidad para ello. Diagramas como los de Afinidad o de Árbol, entre otros, nos ayudarán a transformar esas necesidades en datos que podamos utilizar. Las CTQs son el puente entre el Resultado de nuestro Proceso y la satisfacción del Cliente.

El Diagrama de Afinidad es un método de categorización de la información creado por el antropólogo japonés Kawakita Jiro en la década de 1960. También se denomina Método KJ o Team Kawakita Jiro (TKJ) mediante el cual se clasifican varios conceptos en diversas categorías y se agrupan los elementos que estén relacionados entre sí. Para realizarlo se congrega a un grupo de personas (normalmente de naturaleza multidisciplinar dentro de la misma empresa) y se parte de la pregunta "¿Cuál es el problema?". A partir de ese momento se permite que cada uno de los asistentes exprese su opinión durante un máximo de 60 segundos, sin interrupciones ni discusiones posibles. Esa opinión se resumirá en una idea que se escribirá en un papel y se

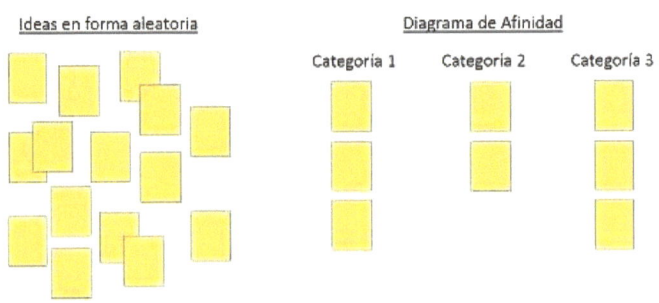

colocará en un panel. Si existe una opinión repetida sólo se dejará un trozo de papel en el panel. Una persona puede expresar su opinión disgregada en varias ideas, y cada una de ellas será escrita en un papel independiente. Una vez hecho esto se clasifican los papeles; para ello los participantes irán agrupando las diferentes ideas u opiniones de forma que los grupos formados aglutinen a todas las ideas de una misma categoría. Este proceso debe realizarse sin discutir y por consenso. Una vez hecho se escribirá en un papel que sirva de cabecera el nombre de la categoría que aglutina cada grupo de ideas. Aquellas ideas que no encajen en ningún grupo pueden aglutinarse bajo la categoría "Miscelánea". Este Diagrama permite obtener gran cantidad de datos en forma de ideas, opiniones, temas, aspectos a considerar etc… y organizarlos en grupos según criterios afines de relación natural entre cada elemento. También ayuda a sacar a la luz ideas creativas y, al mismo tiempo, conseguir una mayor implicación por parte de los participantes. Sin embargo, este diagrama no da una idea de las prioridades del proceso ni cómo actuar. Por último, no resulta efectivo en el caso de problemas sencillos o con pocas variables.

El Diagrama de Árbol (también llamado Sistemático) es un método utilizado para representar el conjunto completo de actividades que es necesario realizar con el fin de alcanzar un objetivo

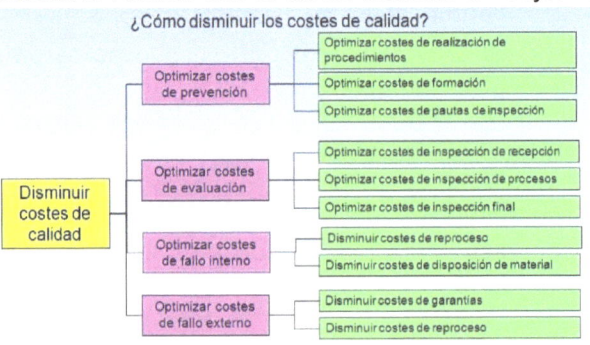

denominado principal y los objetivos secundarios relacionados con éste. Este diagrama ayuda a ir disgregando el proceso en subprocesos y estos en procesos menores hasta que se llegan a las CTQs. Para ello se escribe en el lateral izquierdo de un panel el Resultado del Proceso a analizar. Acto seguido se crea un primer nivel con los valores considerados CTQs principales; después, de cada CTQ principal se crea una subdivisión y luego una tercera hasta que se llega al nivel de valores medibles (CTQs). La metodología de creación de este tipo de diagramas ayuda a los integrantes a expandir su pensamiento al crear soluciones sin perder de vista el objetivo principal, proporcionando una visión de conjunto. También puede ayudar a los miembros del equipo a traducir conceptos teóricos en valores reales.

Con estos o cualquier otro tipo de diagramas (de Flechas, Matricial, etc...) deberemos ser capaces de obtener las CTQs de nuestro Proceso de acuerdo a las necesidades del Cliente.

2.3.- Creación del equipo

Al igual que ocurre con la definición del proceso sobre el que trabajar o las CTQs del mismo, la creación del equipo influye en gran medida en el resultado del proyecto. Más de un proyecto con gran potencial no ha culminado con éxito debido a una mala elección de sus integrantes.

A la hora de la creación del equipo siempre habrá un líder, el cual tendrá, entre otras, las siguientes funciones:

- Dejar claro lo que se espera del equipo
- Mantener al equipo enfocado en el objetivo
- Mantener al equipo alineado con las necesidades de la empresa
- Transferir el proyecto, una vez, finalizado, a un equipo de control

Si por cualquier razón el líder deja de lado alguna de las 4 funciones anteriormente descritas, lo más probable es que se desperdicien recursos y que el proyecto acabe abocado al fracaso.

Los miembros del equipo que desarrolle el proceso además tendrán que basarse en 5 pilares que les ayudarán durante todo el proyecto:

- *Bussiness Case*: Por qué resulta necesario optimizar el proceso
- Descripción del problema y objetivos: Descripción del problema (u oportunidad de mejora) y los objetivos del proyecto explicados en términos claros, concisos y medibles.
- Alcance del proyecto: Dimensiones del Proceso y recursos disponibles
- Hitos: Pasos clave y fechas de cumplimiento para lograr el objetivo
- Roles: Personas, expectativas y responsabilidades

2.3.1.- *Bussiness Case*

Cuando hablamos del *Bussiness Case* nos referimos a darle al equipo la visión completa del proyecto. Explicarle por qué merece la pena realizarlo y por qué es necesario realizarlo en este mismo momento. Del mismo modo hay que explicar las consecuencias que podría tener a medio y largo plazo el no realizar el proyecto para que así sean conscientes de la responsabilidad que se deposita en ellos. Se les explicarán las tareas primordiales, las prioridades y la forma en la que el proyecto que se va a comenzar encaja en los objetivos generales de la empresa.

2.3.2.- Descripción del problema y objetivos

Al Describir el Problema y establecer los objetivos del proyecto el equipo debe entender qué es exactamente lo que está fallando y cuándo está ocurriendo, enfocando la atención de los miembros del equipo en el problema. ¿Cuál es el problema o de qué forma impacta en la empresa? ¿De qué magnitud es el problema? Una vez entendido el problema es fácil explicar el objetivo del proyecto como la meta a conseguir, lo que proporciona al equipo un propósito definido, un fin común.

Ejemplo de mala descripción del problema: *"Nuestros clientes están enfadados con nosotros y pagan tarde las facturas"*

Ejemplo de correcta descripción del problema: *"En los últimos 6 meses (Cuándo), el 20% de nuestros clientes frecuentes, no nuevos, se retrasan más de 60 días (El qué) en el pago de sus facturas. El porcentaje de retrasos ha aumentado un 10% en este año y representa un 30% de nuestros ingresos (magnitud del problema). Esto afecta negativamente en nuestro flujo de caja (Impacto o consecuencia)"*

A la hora de describir el problema hay que ser precisos, analíticos y objetivos para no llevar a conclusiones erróneas:

- ¿El problema se basa en la observación (hechos) o en suposiciones (presunción)?
- ¿La descripción del problema predispone a una causa del problema específica?
- ¿El equipo puede recopilar datos que verifiquen y ayuden a analizar el problema?
- ¿La descripción del problema es demasiado (o demasiado poco) específica?
- ¿La descripción del problema indica implícitamente su solución?
- ¿Estaría contento el cliente interno si supiera que se está trabajando en el problema?

El Objetivo deberá ser una definición de la mejora que el equipo debe conseguir. Deberá comenzar con un verbo como reducir, eliminar, controlar, incrementar… Además deberá comenzar con una aproximación amplia y luego, si es necesario, incluir un objetivo medible y una fecha de fin de proyecto. Eso sí, no deberá presuponer culpas, causas o plantear una solución.

En resumen, como regla mnemotécnica podemos decir que la Descripción de un problema y el objetivo de un proyecto debe de ser *SMART* (Inteligente, en inglés):

Specific (Específica)

Measurable (Medible)

Attainable (Alcanzable)

Relevant (Importante)

Time Bound (Delimitada en el tiempo)

2.3.3.- Alcance del proyecto

Dimensionar el proceso y los recursos necesarios sirve de ayuda a la hora de enfocar al equipo en la "zona de trabajo" afectada por el proyecto y, al mismo tiempo, resaltar la motivación particular de cada uno de los miembros al ver reconocida su aportación específica al mismo. Para delimitar el alcance de un proyecto *Six Sigma* se suele realizar una *Project Bounding Workout Session* con el equipo del proyecto. Su duración deberá ser de 1-2 horas, dependiendo de la complejidad del proyecto, y en dicha sesión se abordarán 8 puntos clave:

1. Identificar al cliente: ¿Quién recibe el Resultado del Proyecto? Este cliente puede ser tanto interno como externo, como ya hemos mencionado anteriormente.
2. Definir las necesidades y expectativas del cliente: Para ello es básico hablar con el cliente, ponerse en su lugar al analizar las respuestas y, acto seguido, priorizar sus expectativas.
3. Especificar con claridad los entregables relacionados con dichas expectativas: ¿Cuál es el resultado del proceso? Definir los entregables tangibles e intangibles. Priorizar los entregables y valorar objetivamente la posibilidad o no de conseguir cada uno de los entregables.
4. Identificar las CTQs relacionadas con dichos entregables: ¿Cuáles son los atributos específicos (y medibles) que afectan a los entregables? Una vez hallados, seleccionar aquellos que tendrán mayor impacto en la Satisfacción del Cliente.
5. "Mapear" el proceso: Definir el proceso de obtención de los entregables, y su funcionamiento antes de comenzar el proyecto. Ten en cuenta que todo entregable es el Resultado de un Proceso, incluso aunque no se haya documentado o formalizado con anterioridad.
6. Determinar las partes del proceso que tienen mayor efecto sobre las CTQs: Es recomendable desarrollar un diagrama de flujo detallado y estimar qué partes del proceso poseen una mayor volatilidad.
7. Evaluar qué CTQs tienen el mayor margen de mejora: Comparar las variaciones del proceso con diferentes CTQs, considerar los recursos disponibles y enfatizar aquellas partes del proceso que están bajo el control de los integrantes del equipo de proyecto.
8. Definir el proyecto de mejora de las CTQs seleccionadas: Definir el Defecto sobre el que se va a trabajar.

2.3.4.- Hitos

Para poder fijar los hitos del proyecto en primer lugar hay que realizar una planificación de primer nivel que incluya fechas. Una vez hecho esto hay que delimitar cada una de las fases *DMAIC* dentro de dichas fechas. Estas fechas deben de ser al mismo tiempo agresivas y realistas. Cuando se comienza un proyecto la predisposición del equipo y de la empresa suelen ser mayores, pero esa predisposición se va diluyendo si el proyecto no está sometido a cierta presión por cumplir un calendario ajustado. Si "sobra" tiempo, la motivación se relajará y el proyecto puede eternizarse o, peor aún, fracasar. Al mismo tiempo estos tiempos deben de ser realistas. No sirve de nada cumplir unas fechas muy agresivas aplicando una "solución de compromiso" en lugar de implementar una solución firme y definitiva.

2.3.5.- Roles

Los roles tanto dentro del equipo como el rol del equipo dentro de la empresa deben de estar claramente definidos para luego no entorpecer el proyecto con discusiones o trabas. Por ejemplo, ¿el trabajo del equipo es implementar o recomendar una solución? ¿Hasta dónde llega la autoridad del equipo para actuar de forma independiente? ¿Cuándo, cómo y a quién informará el equipo de los avances que vayan obteniendo? ¿Cuál es el papel del líder del equipo (*Green Belt / Black Belt*) y del *Couch* (*Master Black Belt*)? ¿El equipo tiene a todos los miembros necesarios, funcional y jerárquicamente?

2.3.6.- En resumen
Un buen proyecto:

- Tiene un Problema y un Objetivo claramente definidos.
- Tiene un Defecto y una Oportunidad de mejora claros.
- No presupone una solución.
- Relaciona claramente las necesidades del cliente con sus requerimientos.
- Está en línea con la estrategia corporativa de la empresa.
- Utiliza las herramientas de forma efectiva.
- Posee datos utilizables.

Un mal proyecto:

- Posee un alcance muy amplio, poco específico.
- No establece claramente lo que se quiere solucionar.
- La solución es sobradamente conocida sin necesidad de una investigación.
- Es difícil de encontrar una conexión entre él y las necesidades del cliente.
- No eliminará el problema principal.
- Utilizará pocas o ninguna herramienta.
- Se basa en comentarios. Los datos, si los hay, son anecdóticos.

2.4.- Definir el Mapa del Proceso
En este punto vamos a desarrollar el Mapa del Proceso a alto nivel. El objetivo es relacionar al cliente con el proceso e identificar las Aportaciones y Requerimientos clave. En la fase *Measure* añadiremos un nivel mayor de detalle utilizando diagramas de flujo o conexiones como se muestra en la figura inferior.

Virtualmente podríamos decir que todo lo que hacemos se puede modelizar como un proceso, desde las tareas que realizamos diariamente en nuestro trabajo hasta el viaje en coche o autobús de vuelta a casa. Un proceso se define como un conjunto de actividades que se alimenta de una o más Aportaciones de varios tipos y produce un Resultado de valor para el Cliente.

El sistema de creación de un Mapa de Procesos es aplicable tanto a un producto como a un servicio. En ambos casos se reciben las Aportaciones por parte de los Proveedores y se proporciona uno o varios Resultados que, como mínimo, satisfacen las necesidades del Cliente. Es importante darse cuenta de que, a efecto del Modelo de Proceso que vamos a "mapear", el Resultado del Proceso y la Necesidad del Cliente son lo mismo. Eso es, el Resultado del Proceso deberá ser un producto o servicio que supere, o incluso exceda, las Necesidades del Cliente.

Cuando se plantea la necesidad de realizar un mapa sobre un proceso definido, la intuición nos dice que sigamos el flujo del proceso como tal (S-I-P-O-C), pero en nuestro caso tenemos un requerimiento especial que son las necesidades del Cliente, por lo que tendremos que realizar el razonamiento inverso: partiendo de las necesidades de nuestro cliente tendremos que "desandar" el proceso hasta llegar a los Proveedores (C-O-P-I-S). De esa forma al ir definiendo el Mapa del Proceso siempre tendremos en mente nuestro objetivo.

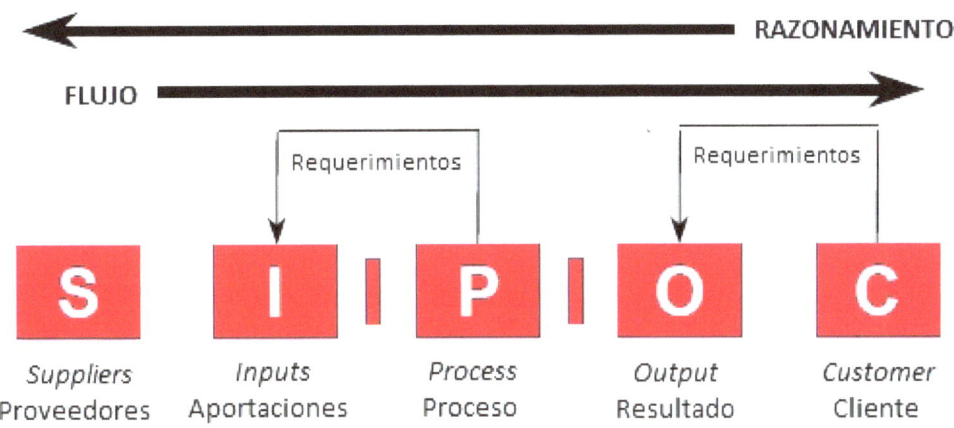

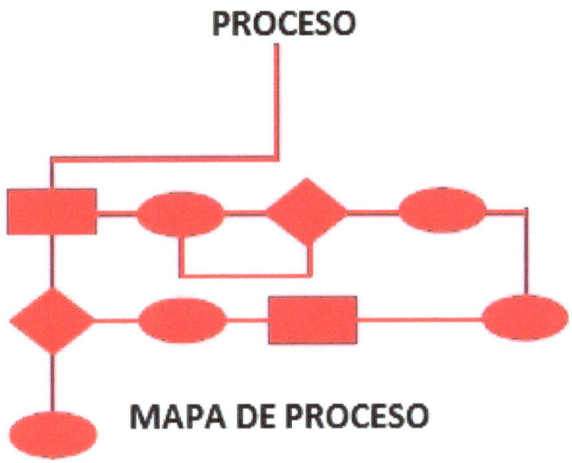

Los pasos necesarios para definir un Mapa de Procesos son los siguientes:

1. Definir el proceso que se va a revisar. Ponerle nombre. Establecer por acuerdo con todo el equipo dónde comienza el proceso y dónde termina.

2. Utilizar técnicas de *brainstorming* y *storyboarding* para identificar todos los Resultados, Clientes, Proveedores y Aportes. Distinguir los Resultados, Clientes, Proveedores y Aportes principales de los secundarios.

3. Realizar otro *brainstorming* para identificar los requerimientos del Cliente sobre los Resultados principales.

4. Identificar, utilizando las técnicas anteriores, cada paso del Proceso. Un "truco" para hacerlo consiste en escribir rápidamente, sin pensar apenas, cada uno de los pasos que del proceso que se le ocurra a cada miembro del equipo en un *Post-It*. Un solo paso por papel, con letra grande y legible y de forma que cada paso comience por una forma verbal. No hay que establecer ni seguir ningún orden ni discutir sobre si un paso existe o no.

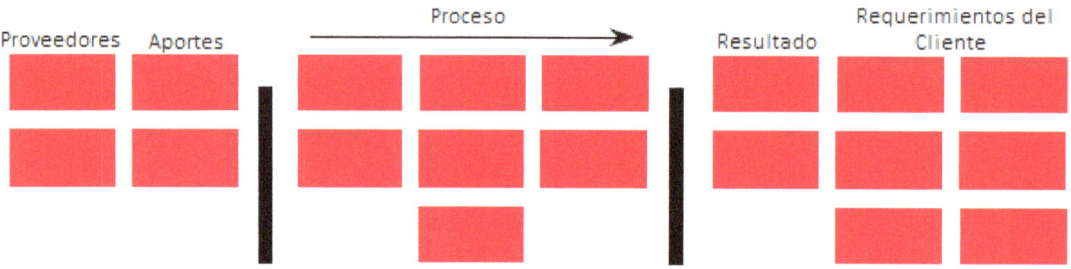

2.5.- Herramientas a utilizar en la fase *DEFINE*. Herramientas *CAP*

Aparte de las herramientas que hemos ido definiendo a lo largo de este capítulo, existen más herramientas pertenecientes a la metodología *Six Sigma* que pueden utilizarse durante la fase *DEFINE* para conseguir los resultados que buscamos. El nombre de este conjunto de herramientas se define como herramientas *CAP*, que son las siglas pertenecientes a la expresión inglesa *Change Acceleration Process* (Proceso de Aceleración del Cambio). Como su nombre indica, sirven para acelerar el proceso de cambio que implica un proyecto *Six Sigma*. En pocas palabras, facilitan el camino, llegando incluso a desbloquearlo según en qué circunstancias. A continuación se explican algunas de ellas, en qué consisten y cómo utilizarlas. El usarlas o no quedará a discreción del equipo en el caso en el que lo crea necesario.

2.5.1.- Modelo *ARMI*

De nuevo hablamos de siglas en inglés. *ARMI: Approver, Resource, Member, Interested Party* (Responsable de Decisiones, Recurso, Miembro y Parte Interesada respectivamente). El modelo ARMI es una herramienta utilizada para determinar aquellos individuos y/o grupos cuya implicación es necesaria para el éxito del proyecto. El modelo ARMI ayuda a definir el rol de cada individuo involucrado en el proyecto; también ayuda a clarificar cualquier ambigüedad relacionada con los roles y las responsabilidades de dichos individuos. Los roles de cada uno son los siguientes:

- *Approver*: Aprueba las decisiones tomadas en el equipo.
- *Resource*: Componente del equipo con habilidades o conocimientos necesarios en un momento específico del proyecto.
- *Member*: Miembro permanente del equipo, dedicado el 100% del tiempo al proyecto
- *Interested Party*: Persona o conjunto de personas que, aun no siendo miembros del equipo del proyecto, sí deben de estar informados de los avances y estado del proyecto.

Un ejemplo de modelo ARMI sería el siguiente:

Componente	Rol	DEFINE	MEASURE	ANALYZE	IMPROVE	CONTROL
Nombre 1	Six Sigma Champion	Approver	Approver	Approver	Approver	Approver
Nombre 2	Six Sigma MBB	Approver	Approver	Approver	Approver	Approver
Nombre 3	Responsable del Proyecto	Approver	Interested Party	Interested Party	Approver	Approver
Nombre 4	Responsable del Calidad	Approver	Interested Party	Interested Party	Approver	Approver
Nombre 5	Six Sigma BB	Resource	Resource	Resource	Resource	Resource
Nombre 6	Experto en una materia	Member	Member	Resource	Resource	Resource

Como ya se ha explicado, esta tabla es sólo un ejemplo, es posible que los roles puedan cambiar dependiendo de la naturaleza del proyecto. Esa decisión deberá tomarla el propio equipo durante la asignación de roles.

2.5.2.- *In/Out of the Frame*

In/Out of the Frame (Dentro/Fuera del Marco, en español) es una herramienta visual basada en la analogía del marco de un cuadro. Sirve para ayudar a los miembros del equipo a identificar aquellos aspectos del proyecto que se encuentran claramente "dentro del marco" (entran

claramente dentro del Alcance del proyecto), "fuera del marco" o "mitad dentro y mitad fuera" (lo que significa que están sujetos a debate o que parcialmente forman parte del Alcance del proyecto).

Aun sin ser una herramienta tan compleja como el *SIPOC*, resulta de utilidad cuando existan diferencias de opinión dentro del equipo a la hora de definir qué está acotado dentro del Alcance del proyecto.

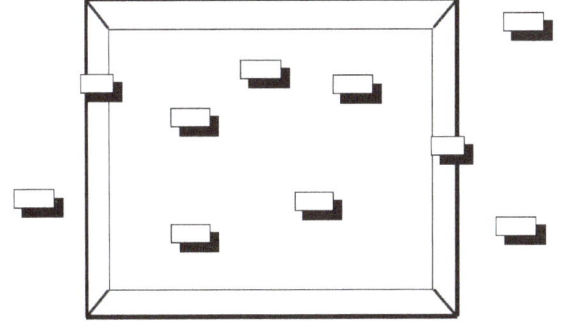

Para desarrollar esta herramienta hay que realizas los siguientes pasos:

1. Recoger todas las tarjetas utilizadas para definir los diferentes aspectos del Proceso y colocarlas sobre una mesa.
2. Dibujar en la pared un "marco" y utilizar dicha metáfora para ayudar al equipo a identificar qué aspectos entran dentro y cuáles no.
3. Ayudar al equipo a colocar todas las tarjetas. Se puede sugerir al equipo que sitúen las tarjetas dentro del marco según la intensidad que crean que el aspecto está dentro del Alcance. Así una tarjeta que se encuentre en el centro del marco estará claramente y sin lugar a dudas dentro del Alcance del proyecto, mientras que aquellos aspectos que no haya tanta seguridad irán acercándose cada vez más a los límites del marco.
4. Dialogar con los miembros del equipo para resolver las posibles diferencias.
5. ALTERNATIVA: Si se presume que va a haber diferencia de opiniones se puede actuar de la siguiente manera: Se pide que se trabaje en silencio; una vez en silencio un miembro

del equipo (y sólo uno) coloca todas las tarjetas. Acto seguido el segundo miembro del equipo cambia de lugar solamente aquellas que, a su criterio, no están bien posicionadas en el diagrama. En cada tarjeta que cambie marcará una pequeña cruz. Así, uno a uno, en silencio y en orden, irán pasando por delante del diagrama hasta que todos hayan tenido su oportunidad. Después de eso se debatirá en tramos de 5 minutos máximo la posición de aquellas tarjetas que tengan cruces, comenzando por aquellas que tengan menos cruces y en sentido ascendente.

2.5.3.- Matriz de Amenaza vs. Oportunidad

Esta matriz trata de dar respuesta a dos interrogantes del equipo:

1. ¿Qué ocurrirá si no se buscan y aplican soluciones (a las amenazas actuales)?
2. ¿Qué ocurrirá si las soluciones se implementan con éxito (las oportunidades)?

Para construir una Matriz de Amenaza vs. Oportunidad hay que seguir los siguientes pasos:

1. Los miembros del equipo, individualmente o en grupo, seleccionarán cuál de los cuadrantes crearán mejor la necesidad del cambio. Cada miembro deberá de compartir sus percepciones y después debatir similitudes y diferencias.
2. El equipo, individualmente o como grupo, deberá de escribir de cuatro a seis frases describiendo la necesidad del cambio.
3. Si los miembros del equipo trabajarán individualmente, los miembros deberán leer sus declaraciones, y después deben de debatir y discutirlas para crear una declaración que englobe lo mejor de los esfuerzos individuales.

Pongamos como ejemplo una matriz basada en el proceso de "tiempo de resolución de incidencias en el SAT":

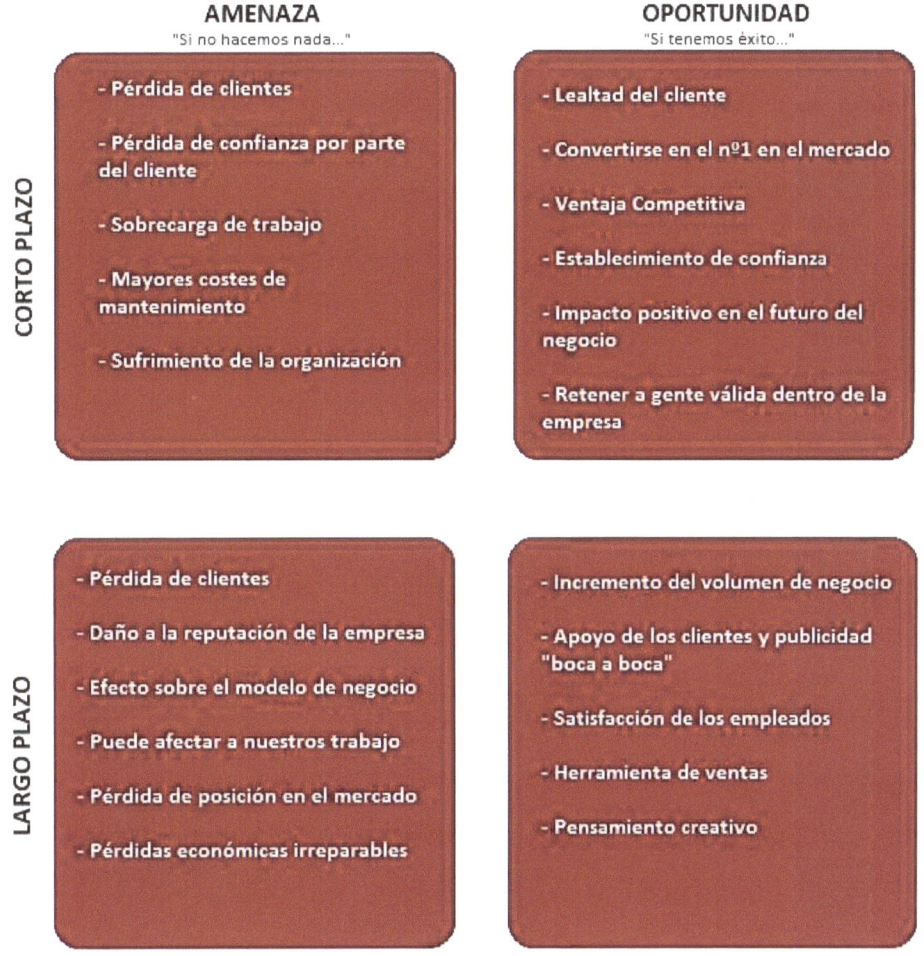

2.5.4.- *G.R.P.I. Checklist*

Esta herramienta está basada en un modelo de creación de equipos y es de un valor incalculable a la hora de transformar un grupo de personas en un equipo. También puede utilizarse cuando un equipo ya formado no está funcionando como debería y no se sabe el por qué. La herramienta obliga al equipo a considerar cuatro aspectos críticos e interconectados del trabajo en equipo:

- **G**oals: Objetivos. ¿Están claramente especificados los objetivos y la misión de equipo en el proyecto?

- *Roles*: Roles. ¿Están los roles y responsabilidades de cada uno de los miembros del equipo definidos y comprendidos claramente? ¿Los roles asignados son los necesarios para conseguir el objetivo?
- *Processes*: Procesos. ¿Existen procesos y procedimientos definidos, comprendidos y aceptados por el equipo para las diferentes posibilidades (resolución de conflictos, procedimientos de comunicación y reporte, etc.)
- *Interpersonal Relationships*: Relaciones interpersonales. ¿Las relaciones entre los miembros del equipo son buenas? ¿Hay un nivel de confianza aceptable entre ellos?

Para llevar a cabo la dinámica se siguen los siguientes pasos:

1. Se crea un cuestionario (el *Checklist*) con preguntas que abarquen los cuatro ámbitos.
2. Se distribuye el cuestionario entre los miembros del equipo antes de la reunión y se les invita a añadir detalles o ejemplos en cualquiera de los cuatro ámbitos. Todos los miembros del equipo deberán ir a la reunión con el cuestionario completamente cumplimentado.
3. Durante la reunión se discutirán y resolverán los problemas surgidos con el cuestionario
4. Un MBB o un responsable de área puede estar presente si se considera necesario.
5. Si puede haber tensión excesiva dentro del equipo se puede modificar la dinámica, remitiendo los cuestionarios respondidos a una persona neutral fuera del proyecto que recopile toda la información y presente un resumen sin decir nombres.

Un ejemplo de cuestionario *G.R.P.I.* podría ser éste:

GOALS - ¿Cómo de claros y de acuerdo estamos con los objetivos del proyecto?

      Poco   1   2   3   4   5   Mucho

ROLES - ¿Hasta qué punto comprendemos y estamos de acuerdo con los roles y responsabilidades definidos dentro del equipo?

      Poco   1   2   3   4   5   Mucho

PROCESSES - ¿Hasta qué grado comprendemos y estamos de acuerdo con la estrategia de acción y el equipo? (¿Disponemos de todos los procedimientos necesarios? ¿El equipo está completo?)

      Poco   1   2   3   4   5   Mucho

INTERPERSONAL - ¿Son suficientemente buenas las relaciones entre los miembros del equipo? ¿Cuál es nuestro nivel de confianza profesional en el resto de miembros?

      Poco   1   2   3   4   5   Mucho

Este cuestionario puede extenderse cuantas preguntas sean necesarias según sea preciso para conseguir cohesionar al equipo o solucionar un problema interno grave.

2.6.- Resumen

Al final de la fase *DEFINE* debemos ser capaces de haber conseguido lo siguiente:

- Identificar el proyecto.
- Identificar las CTQs internas y externas del mismo.
- Crear un Mapa de Proceso de alto nivel.
- Definir claramente el Defecto y la Oportunidad.
- Crear un Diagrama de Árbol.
- Identificar las fuentes de datos potenciales.
- Identificar los miembros del equipo y las áreas de negocio involucradas.
- Identificar los requerimientos de información de TI.
- Identificar el impacto financiero.

Capítulo 3.- *MEASURE*

3.1.- Introducción

Durante la primera fase hemos conseguido definir el proyecto. Hemos identificado las CTQs del cliente y las hemos relacionado con las necesidades del negocio. Además, hemos creado el equipo que llevará a cabo el proyecto y hemos delimitado el proceso sobre el que vamos a trabajar. En esta segunda fase vamos a buscar un valor medible del resultado y las variables que afectan a dicho proceso. Podrán ser valores continuos o discretos, valores con dos posibilidades únicamente (por ejemplo, OK/NOK)

o cualquier otro tipo de valor, pero siempre deberán ser variables medibles. Analizaremos la forma de medir dichas variables, validaremos el sistema de medida y recopilaremos todas las medidas posibles del proceso. De este modo obtendremos la foto del rendimiento del Proceso a día de hoy.

Los objetivos de la fase *MEASURE* son:

- Identificar las *x* y la *Y* del proceso
- Definir los valores de trabajo de Y, incluyendo los valores aceptables.
- Definir Oportunidad y Defecto
- Seleccionar un sistema de medida
- Validar el sistema de medida
- Recopilar datos medibles del proceso
- Caracterizar los datos utilizando la Media y la Desviación Típica

Como se puede observar ya empezamos a utilizar términos estadísticos. El *Six Sigma* es, ante todo, una herramienta estadística. Se vale de modelos matemáticos y análisis estadísticos para obtener resultados. La base de un proyecto *Six Sigma* pasa por las siguientes operaciones:

- <u>Problema Real</u>: Buscamos un proceso que esté dando problemas.
- <u>Problema Estadístico</u>: Modelizamos el proceso matemáticamente y le damos valores estadísticos.
- <u>Solución Estadística</u>: Utilizando herramientas de análisis estadístico optimizamos el modelo para que funcione dentro de unos límites aceptables definidos.
- <u>Solución Real</u>: Trasladamos los valores estadísticos ya acotados de las variables al proceso real, constatando que el resultado real es el deseado.

3.1.1.- El problema estadístico

Las dos características principales de un modelo estadístico son la *Desviación Típica* y la *Precisión* (o Varianza). La Desviación típica (también denominada *Desviación estándar*) de un proceso mide cómo son de diferentes los resultados de un proceso al repetirlo muchas veces.

Por poner un ejemplo, imaginemos que lanzamos 20 dardos a una diana y examinamos el resultado; cuanto más distribuidos alrededor de la diana estén los dardos, mayor será la Desviación típica del resultado del proceso llamado "lanzar un

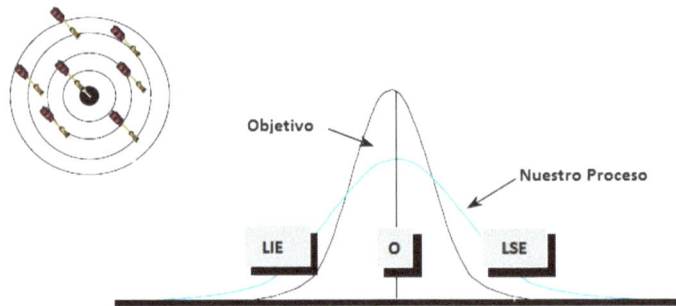

dardo". Obviamente lo que perseguimos es que nuestros resultados no difieran mucho entre sí; o sea, que cada vez que lancemos un dardo, este quede lo más cerca posible del anterior. La desviación típica se representa por el valor σ (Sigma).

La *Precisión* mide la diferencia entre el resultado obtenido y el deseado. Siguiendo con el ejemplo de los dardos, nuestro objetivo es intentar acertar siempre en el centro de la diana.

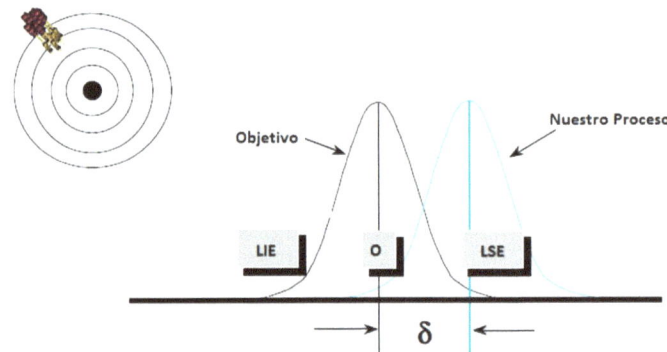

Ambos valores, Desviación típica y Precisión, nos señalan cómo está posicionado el resultado de nuestro proceso respecto al objetivo que deseamos alcanzar.

Los otros valores que aparecen en la gráfica y que también utilizaremos en el futuro son:

- <u>LIE:</u> Límite Inferior de Especificaciones
- <u>O:</u> Objetivo
- <u>LSE:</u> Límite Superior de Especificaciones
- <u>Delta:</u> Distancia al Objetivo

3.1.2.- Seleccionar la Y del Proyecto

A lo largo de este capítulo utilizaremos diferentes herramientas que nos ayudarán tanto a seleccionar las CTQs como la Y de nuestro Proceso. Entre esas herramientas tenemos las siguientes:

- <u>QFD:</u> *Quality Function Deployment* (En Español Despliegue de la Función de Calidad) es un método estructurado para traducir requisitos del cliente en los requisitos técnicos apropiados. En España es un término conocido como Casa de Calidad, aunque la Casa de Calidad es sólo una de las variantes de la QFD.
- <u>Diagrama de Ishikawa:</u> También es conocido como Diagrama *Fishbone* (Espina de pez), Diagrama Causa-Efecto o Diagrama Grandal. Fue desarrollado para facilitar el análisis de problemas mediante la representación de la relación entre un efecto y todas sus causas o factores que originan dicho efecto.
- <u>Mapa de Procesos</u>
- <u>Gráfico Pareto:</u> El Diagrama de Pareto constituye un sencillo y gráfico método de análisis que permite discriminar entre las causas más importantes de un problema (los pocos y vitales) y las que lo son menos (los muchos y triviales).
- <u>FMEA</u>

3.1.3.- El uso de la estadística para resolver problemas

El modelo matemático que buscamos es aquel en el que el resultado (Y) está determinado por las variaciones inherentes a cada una de las variables independientes (X). Ese es el sentido de la ecuación Y=f($X_1, X_2 X_3, \dots \dots X_n$). Teniendo bajo control los valores de cada una de las variables (X) podremos controlar el resultado del proceso (Y).

Para conseguirlo la estadística dispone de potentes herramientas que nos ayudan a comprender el impacto de cada una de las variables en el proceso y predecir el resultado de modificar cada una de ellas. La curva de la figura de la derecha aparecerá con frecuencia a lo largo de un proyecto *Six Sigma*. Se denomina Curva de Distribución Normal o Gaussiana (que, matemáticamente, se denomina

$N(\mu,\sigma)$), y es una representación gráfica estadística de un proceso 100% aleatorio. Cada uno de los resultados se encuentra englobado en el área de la curva. En el centro de la curva se encuentra lo que llamamos Media y que se define por la letra griega μ (mu).

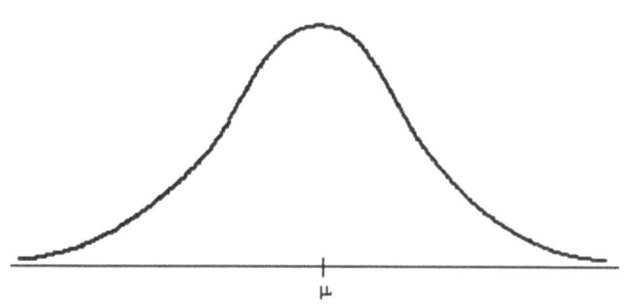

Esta Distribución Normal puede tener varias formas en función de su Media y su Desviación Típica. La forma de dicha curva es la que caracteriza a nuestro proceso. Podemos ver dos curvas normales a nuestra derecha. En ambas el valor de la Media es el mismo, pero varía su Desviación Típica. Si la curva estuviera desplazada a un lado o al otro sin variar su forma lo que habría cambiado sería la Media.

Para definir nuestro objetivo tendremos que saber el valor de la Media (que será el resultado ideal del proceso, nuestra Y perfecta) y el valor de la Desviación Típica (que nos marcará los márgenes de tolerancia aceptables para el proceso).

A partir de ahora pasaremos a denominar ambos valores según su notación matemática: μ y σ

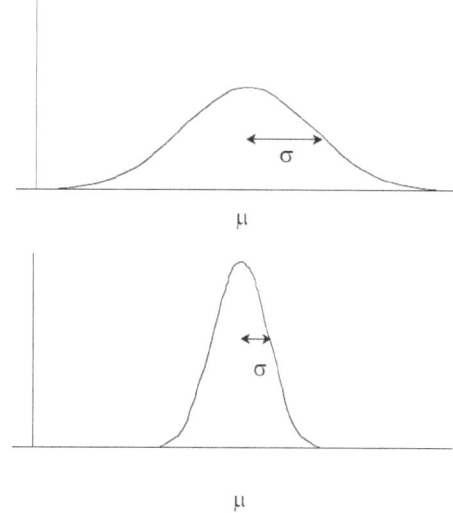

3.2.- Selección de CTQs medibles

Existen varios métodos para obtener los valores medibles de las variables que vamos a definir en nuestro proyecto. Ya hemos explicado brevemente en que consistían, pero ahora vamos a verlas en mayor profundidad.

3.2.1.- QFDs

Como ya dijimos, las siglas provienen de la expresión *Quality Function Deployment* (En Español Despliegue de la Función de Calidad). Las QFDs son una oportunidad para poder descubrir aquello que nuestro cliente interno quiere, pero que no siempre es capaz de verbalizar. Muchas veces existen valores o requerimientos que no se encuentran tan "a la vista", y esta herramienta ayuda a sacarlos a la luz. También sirve para, análogamente, descartar aquellas cosas que en un principio podrían parecer interesantes pero que, tras un análisis con un QFD, se descubre que no tienen tanta importancia como en un principio se le suponía. El cliente sabe lo que quiere, pero es capital saber extraer esa información en un formato que podamos utilizar.

Un QFD es un método estructurado para identificar y traducir las necesidades y requerimientos del cliente en requerimientos técnicos y características medibles. Dentro de las posibles QFDs nosotros vamos a tratar aquí las denominadas Casas de Calidad. Son QFDs muy potentes y pueden aplicarse tanto a productos como a servicios. En la figura de la derecha puede verse un ejemplo ya terminado, pero vamos a ir trabajándolo para ver cómo puede pasar de ser algo intangible a una serie de variables medibles.

		Tipos de energía (↑)	Horas de trabajo disponibles (↑)	Tiempos de interrupción (↓)	Vida útil de los componentes (↑)	Coste de combustible por Kw (↓)	Tiempo de reparación y mantenimiento (↓)
Potencia de salida	3	◎					
Disponibilidad	4		◎	○	◎		△
Fiabilidad	5			◎	◎		△
Vida útil	2		△		◎		
Eficiencia	4	◎				◎	
Mantenimiento	2						◎
		Kw/h	Horas/año	Horas/año	Años	Precio / Kw	Horas
		63	38	57	99	36	27

Supongamos que un cliente interno en una fábrica nos ha pedido que optimicemos un proceso. Para ellos nos ha dado un *VoC* con la siguiente "lista de deseos" que quiere para su proceso:

- Potencia de salida
- Dsiponibilidad
- Fiabilidad
- Vida Úitl
- Eficiencia
- Mantenimiento

Esto es el "Qué", lo que el cliente quiere. Una vez que tengamos esas características le pediremos a nuestro cliente interno que asigne un valor a cada una de ellas valorando su importancia. El valor puede ser de 1 a 5 o de 1 a 10, pero siempre el mayor valor corresponderá con una mayor importancia.

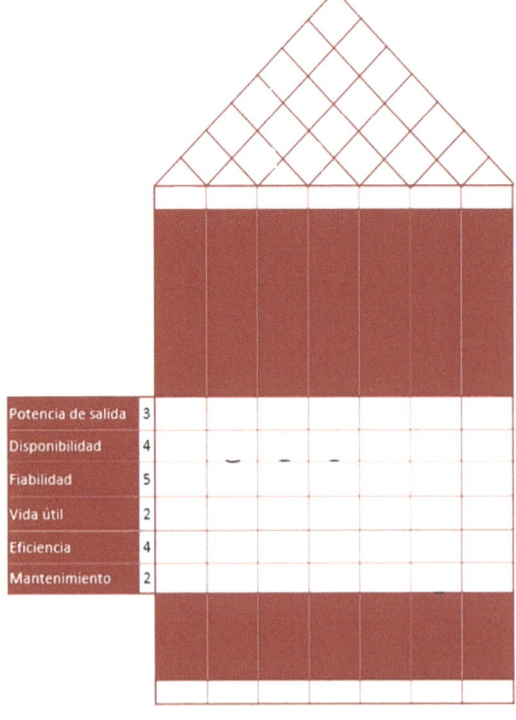

Ahora nos toca saber cómo conseguir satisfacer al cliente en cada uno de los "Qué" que nos ha pedido. Eso es el "Cómo". Para ello buscaremos la forma de medir cada uno de los "Qué".

<u>NOTA:</u> *No tiene que haber necesariamente una relación unitaria entre el "Qué" y el "Cómo".*

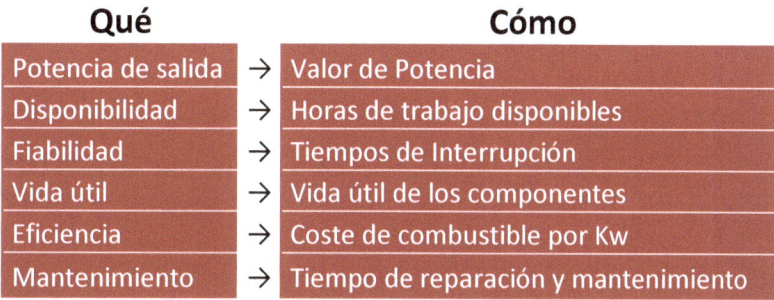

Una vez que tenemos los "Cómo" debemos indicar qué es lo más beneficioso para las necesidades de nuestro cliente:

- Si buscamos un valor cuanto más alto mejor colocamos una flecha hacia arriba: ↑
- Si buscamos un valor lo más pequeño posible colocamos una flecha hacia abajo: ↓
- Si buscamos un valor específico colocaremos un círculo ◯

Acto seguido delimitaremos la fuerza de la relación entre los "Qué" y los "Cómo":

- Si la relación es muy fuerte dibujaremos dos círculos concéntricos
- Si la relación es media dibujaremos un solo círculo
- Si la relación es débil (pero existe) colocaremos un triángulo

El siguiente pase consiste en rellenar la parte central con el resto de relaciones entre los "Qué" y los "Cómo". Normalmente no suele haber una única relación entre unos y otros.

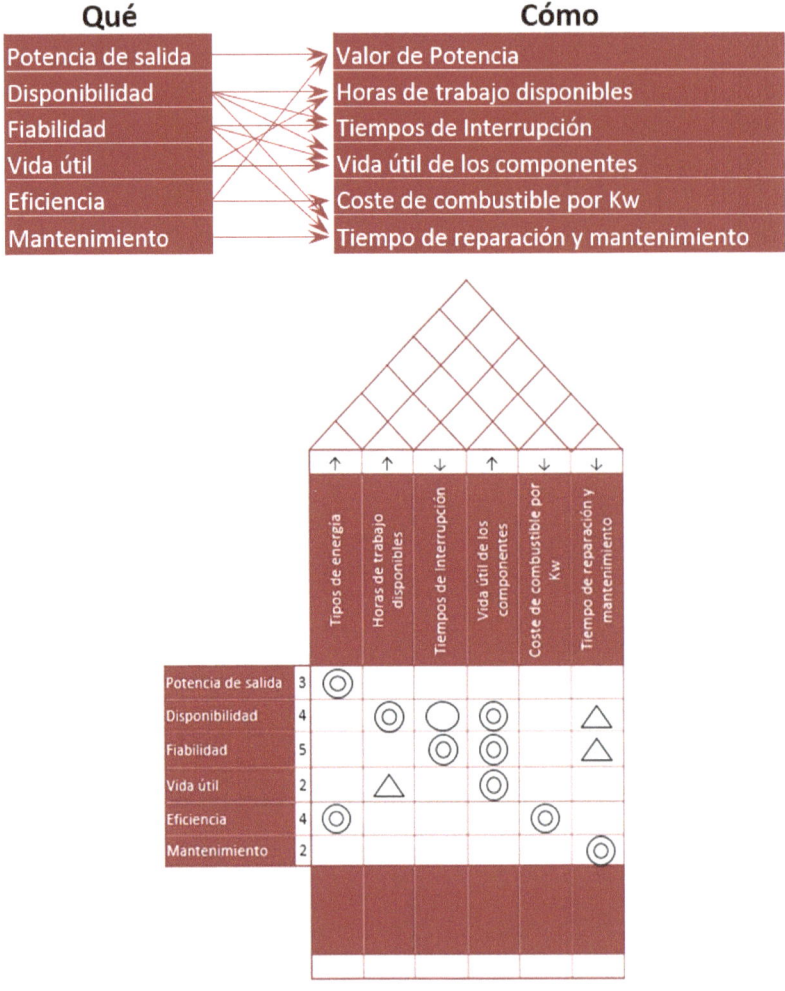

Ya tenemos el "Qué" y el "Cómo", pero aún no tenemos algo que medir. En este punto es cuando rellenamos la parte inferior del QFD con aquellas dimensiones medibles que nos darán un valor del "Cómo". En el caso de que nuestro cliente interno tenga ya unos valores definidos, también se colocarán en este momento, marcándolos como objetivos a conseguir.

A continuación vamos a valorar la importancia técnica de cada una de las columnas. Para ello asignaremos un valor de importancia a cada uno de los símbolos:

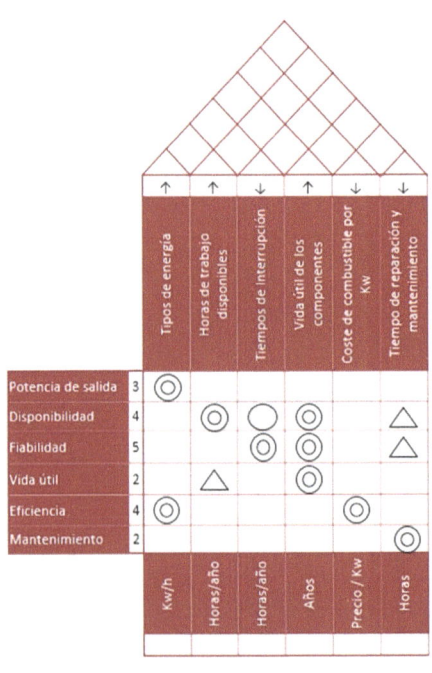

- Para los dos círculos concéntricos (una relación muy fuerte) el valor será de 9
- Para el círculo (una relación media) asignaremos un valor de 3
- Para el triángulo (una relación débil, aunque existente) asignaremos un valor de 1

De este modo podremos calcular matemáticamente la relación entre los "Qué" y los "Cómo" y, sumando todos los valores resultantes de cada columna de los "Cómo" tendremos la medida de su importancia técnica. Veamos un ejemplo:

Tipos de Energía:

        Potencia de salida: 3 x 9 = 27

        Eficiencia: 4 x 9 = 36

        Total: 27 + 36 = 63

De modo que la importancia técnica del Tipo de Energía es de un 63. Una vez tengamos todos los valores de cada uno de los "Cómo" podremos saber el impacto que tendrá en la satisfacción de nuestro cliente interno y, casi sin pretenderlo, una primera lista de prioridades.

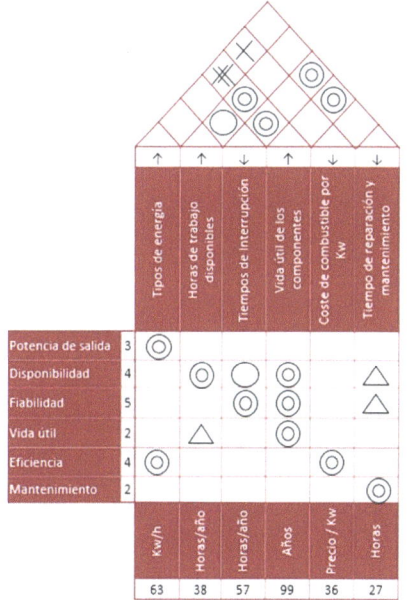

Por último, sólo nos queda definir la Matriz de Correlaciones. Esta matriz, el techo de la Casa de Calidad, nos ayuda a descubrir las correlaciones o interacciones entre los "Cómo":

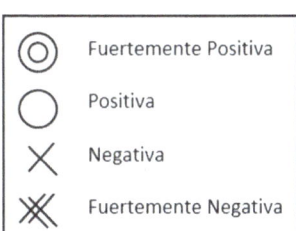

◎	Fuertemente Positiva
○	Positiva
✕	Negativa
✖	Fuertemente Negativa

De este modo tendremos la QFD terminada y habrá que proceder a su análisis para obtener aquella información que necesitemos. Para ello suele ser bueno utilizar una guía que vaya revisando los puntos más importantes:

1. <u>Filas Vacías:</u> Una fila vacía indica que no hemos sabido satisfacer a una de las demandas de nuestro cliente interno (un "Qué"). De ser ese el caso suele volverse a intentar dar una vuelta a la QFD, buscar interrelaciones que nos ayuden o incluso pedir al cliente que replantee su petición de forma que se pueda encontrar la forma de satisfacerla.
2. <u>Columnas Vacías:</u> Una columna vacía es señal de hemos designado un parámetro que no tiene impacto en ninguno de los requerimientos del cliente. Es un "Cómo" que no afecta a ningún "Qué". En ese caso normalmente se suele eliminar dicho parámetro de la QFD

3. <u>Límites de trabajo de los "Cómo":</u> En las columnas se designan los valores que nos ayuden a satisfacer los "Qué" del cliente, pero deben ser valores medibles (aunque sus valores sean, por ejemplo "Si/No"). Aunque no conozcamos los valores exactos que nos solicita el cliente, sí que debemos ser capaces de establecer un rango de valores en los que trabajar que luego vayamos optimizando.

4. <u>Solucionar las correlaciones negativas:</u> Al dibujar la Matriz de Correlaciones cabe la posibilidad de que aparezcan correlaciones negativas o fuertemente negativas entre varias columnas. Estas correlaciones nos afectarán durante nuestro proyecto ya que deberemos tenerlas siempre presentes cada vez que actuemos sobre alguno de los parámetros afectados, por lo que intentar eliminarlas o al menos reducirlas durante esta fase del proyecto nos ahorrará trabajo y dificultades en fases más avanzadas.

5. <u>Obtener valores "objetivo":</u> Está claro que si sabemos dónde tenemos que llegar es mucho más fácil hacerlo que si no tenemos un objetivo claramente definido. Por ello al diseñar la QFD deberemos hacer un esfuerzo en el momento de obtener unos valores "objetivo" para cada una de las columnas.

6. <u>Priorización de requerimientos:</u> Una vez que tengamos la importancia técnica de los requerimientos deberemos de priorizar aquellas áreas sobre las que trabajaremos primero. En el caso de que uno de los "Cómo" tenga un valor muy superior al resto es recomendable realizar un segundo QFD desarrollando dicho punto, ya que de ese modo puede obtenerse información más detallada sobre un parámetro que tiene un gran impacto sobre nuestro proceso y, al desarrollar su propio QFD, podemos controlar dicho impacto.

En resumen, un QFD quedaría así:

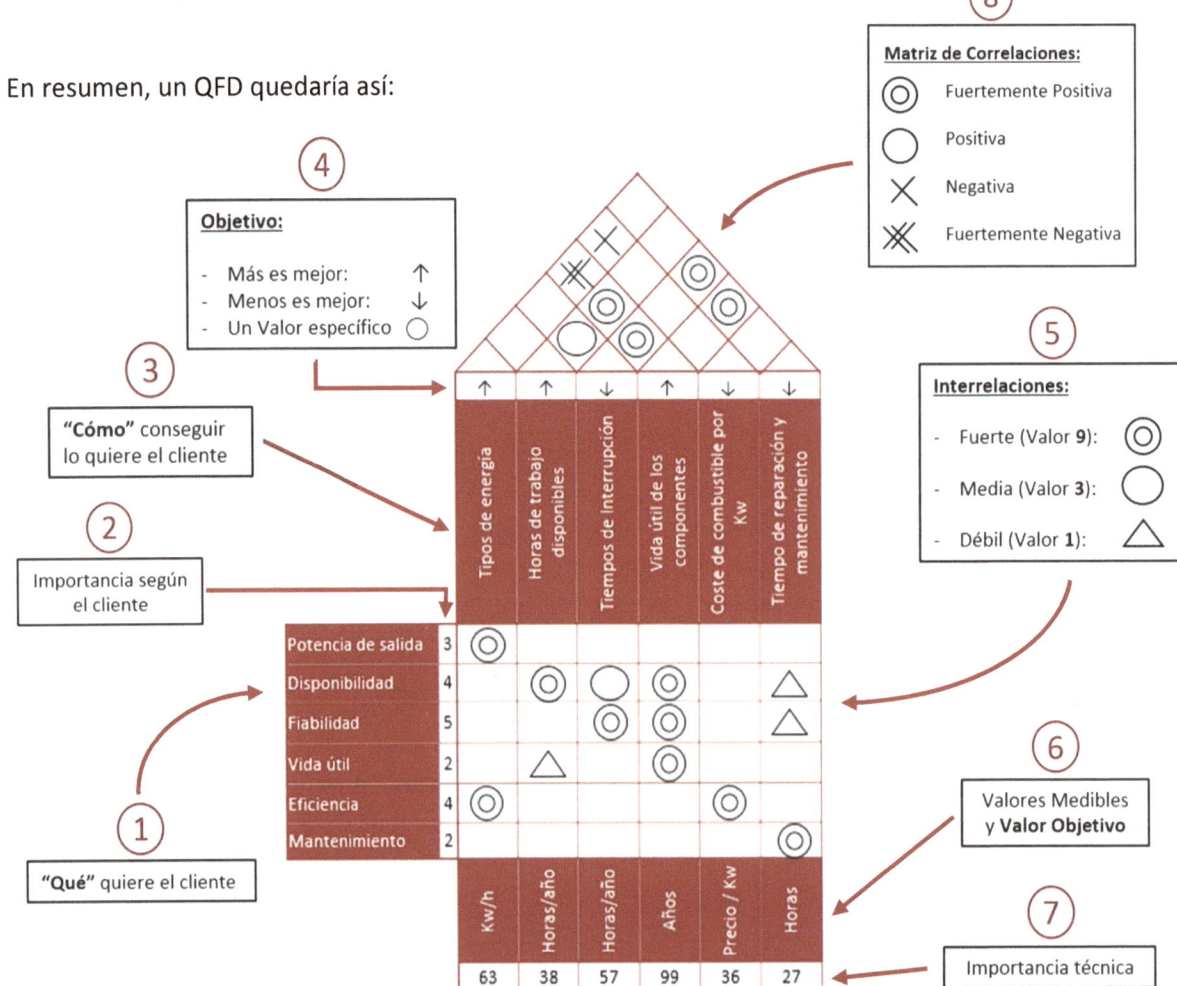

Un QFD es una herramienta muy poderosa pero, debido a su potencia, los errores que se puedan cometer durante su desarrollo también pueden tener gran efecto en nuestros procesos. Por ello hay que evitar:

- Hacer QFDs de todo: Un QFD tiene un ámbito de aplicación, no debe ser utilizado por el más mínimo proyecto o tarea que tengamos entre manos.
- Piorizar adecuadamente: El resultado de la importancia técnica es clave para los siguientes pasos del proyecto. Una priorización inadecuada nos llevará a pérdidas de tiempo y recursos.
- Fallos de Equipo: Un equipo mal seleccionado desarrollará seguramente un QFD tergiversado, ya que la falta de conocimientos o la capacidad analítica de las áreas involucradas dará como resultado valores de importancia técnica erróneos.
- Prisas: Las prisas son siempre malas consejeras y, en estos casos, son aún peores.
- Imposibilidad de implementar el QFD: El objetivo último de un QFD es convertir las necesidades del cliente en variables reales. Si no conseguimos ese objetivo el trabajo resultante no habrá tenido sentido.
- QFDs estáticos: Un QFD es una herramienta viva, orgánica, que evoluciona al evolucionar el proceso, por lo que no se debe cometer el error muy común de no volver a revisar un QFD. Dependiendo del tiempo de duración del proyecto deberá hacerse un calendario de revisiones del QFD. Las revisiones nunca deberán estar espaciadas más de un trimestre y, en casos de proyectos de un año, se recomienda una revisión mensual.

Para finalizar sobre los QFDs hay que recalcar que, a priori, puede parecer simple, pero requiere un gran esfuerzo desarrollarlo completamente. Es posible que en un principio muchos de los "Qué" o los "Cómo" parezcan obvios, pero esa percepción puede ir cambiando durante el desarrollo de los QFD; si no existen puntos "oscuros" sujetos a discusión durante las primeras fases, lo más seguro es que no se esté desarrollando bien. Es importante escuchar todas las opiniones y saber que el fin último es satisfacer a nuestro cliente interno, no dibujar una gráfica bonita. Las gráficas son el camino a seguir para conseguir nuestros objetivos.

Por último, un QFD es una herramienta de apoyo para la toma de decisiones, pero nunca una herramienta de toma de decisiones por sí sola.

3.2.2.- Mapas de Procesos

Un Mapa de procesos es una representación gráfica de las etapas, operaciones, eventos e interacción entre los Recursos dentro de un Proceso. El desarrollar un Mapa de Procesos proporciona muchos beneficios a un Proyecto:

- Aporta una estructura útil para diseccionar un proceso complejo en varios subprocesos más sencillos.
- Ayuda a descubrir "zonas oscuras" de un proceso y a volverlo 100% transparente.
- Determina los datos a recopilar.
- Marca los objetivos de mejora.
- Arroja una visión de conjunto como un equipo trabajando coordinado.
- Resalta áreas del proceso que de otro modo podrían ser obviadas.
- Puede revelar pasos innecesarios, complejos o redundantes dentro del Proceso.
- Permite comparar el proceso real actual con el Proceso Ideal que buscamos.

Los elementos del Mapa de Procesos ya se han tratado anteriormente:

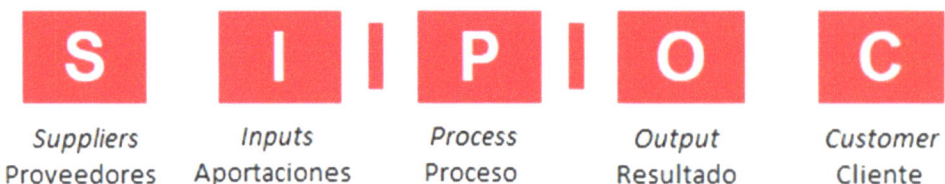

S	I	P	O	C
Suppliers Proveedores	Inputs Aportaciones	Process Proceso	Output Resultado	Customer Cliente

Pero existen otra serie de elementos a tener en cuenta para desarrollar nuestro Mapa de Procesos:

- <u>Elementos de Control:</u> Se trata de materiales o datos utilizados para indicar a un proceso cuál es o debería ser el siguiente paso.
- <u>Mecanismos:</u> Son los recursos (personas, máquinas, etc...) que actúan dentro de un proceso para transformar una Aportación en un Resultado.
- <u>Límites:</u> Los límites de un Proceso, normalmente marcados por las Aportaciones, los Resultados y los controles externos, delimitan lo que ocurre dentro de un proceso de lo que ocurre a su alrededor.

La experiencia dicta que siempre hay tres Mapas diferentes para cada Proceso:

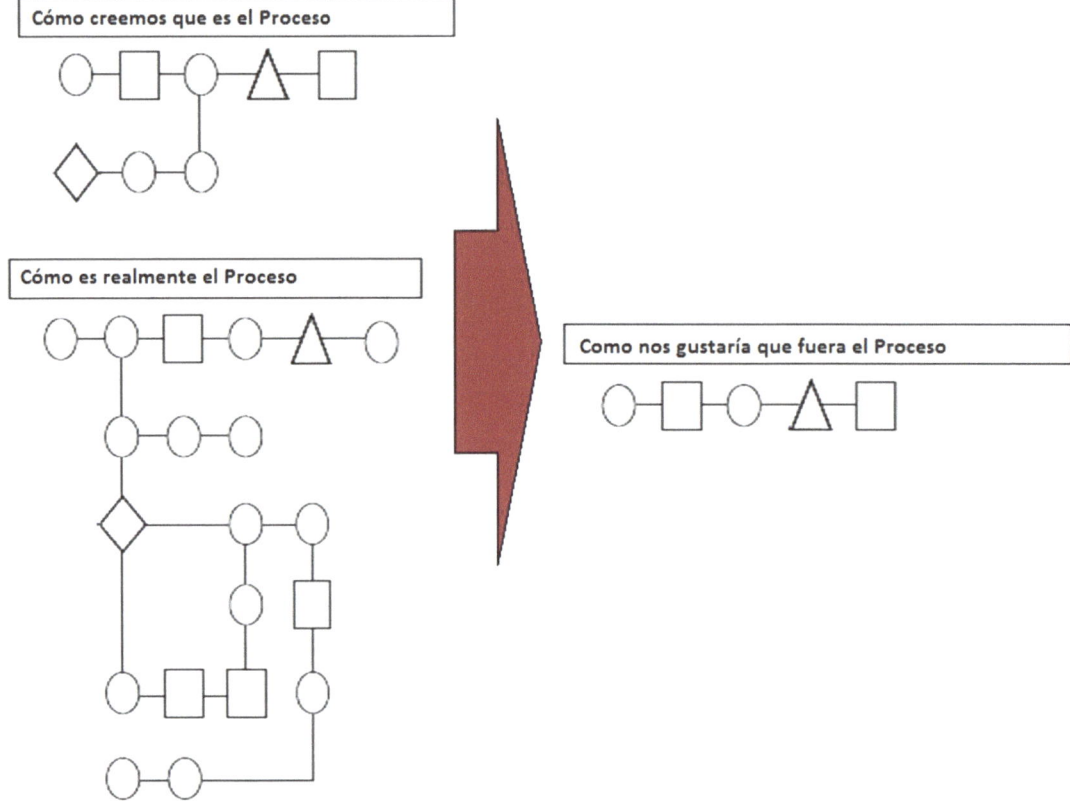

No hay que caer en la tentación y realizar un Mapa de Procesos "tal y como nos gustaría" que fuera el Proceso. Ese es el Proceso Ideal, al que tendemos, pero no el Real.

A la hora de construir nuestro Mapa de Procesos lo primero que debemos definir es su nivel de detalle. ¿Cuán complejo y detallado necesitamos desarrollar nuestro Mapa de Proceso para obtener lo que queremos? Esta pregunta puede ahorrarnos un gran gasto de tiempo y recursos ya que nos mantiene enfocados en un nivel de detalle específico; muchas veces no resulta necesario llegar al último nivel de detalle de un Proceso. Por norma general, cuanto mayor es el nivel de detalle del Mapa de Procesos, más recursos y tiempo son necesarios para poder plasmarlo.

Después debemos determinar los pasos del Proceso. En un principio no es necesario colocarlos en orden ni marcar las prioridades de unos respecto a otros. Solamente hay que listarlos, obtener todas las piezas del puzzle antes de montarlo.

Una vez que tenemos todas las piezas del puzzle (los pasos) ya podemos encajarlas y colocarlas en orden dentro del proceso. Para ello, y siguiendo con la analogía del puzzle, debemos conocer la "forma" de las piezas que vamos a colocar. Para ello nos fijaremos en la simbología de diagramas de flujo definidos por la ISO 9000, que define una forma específica para cada tipo de paso de un Proceso:

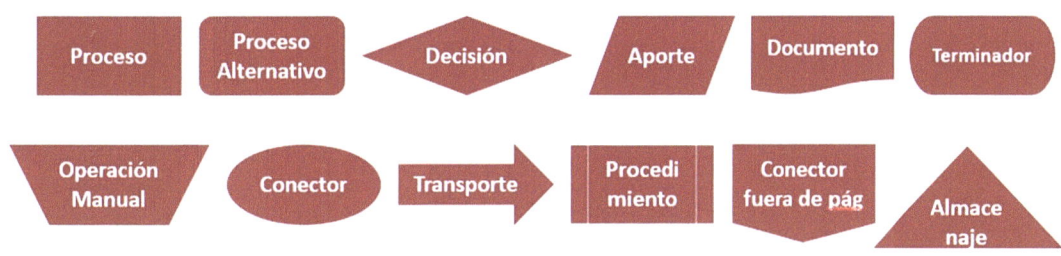

Con estas piezas se compone el puzzle que conforma nuestro Mapa del Proceso el cual, una vez completo, hay que comprobarlo, validarlo y evaluarlo.

Un Mapa de Procesos puede comprobarse sometiéndolo a las siguientes preguntas:

1. ¿Están correctamente definidos todos los pasos del Proceso?
2. ¿Están cerrados todos los bucles del Proceso?
3. ¿Sale más de una flecha de un cuadro de actividad? Entonces quizás debería existir un paso de Toma de Decisión.
4. ¿Están cubiertos todos los pasos <u>reales</u> del Proceso?

Una vez que hemos comprobado que el Mapa de Proceso funciona y no tiene fugas hay que validarlo, comparándolo con el proceso real. Los Aportes y Resultados deben de ser los mismos en ambos casos y en todas las circunstancias posibles.

Ya con el Proceso comprobado y validado, el paso final es la evaluación del Proceso como tal. Durante la evaluación del Proceso deberemos determinar la calidad del mismo e identificar los posibles defectos que pueda presentar:

1. ¿Existe algún paso que no aporta nada al Proceso?
2. ¿Los controles y el criterio de control se encuentran dónde deberían?
3. ¿Existen "REs"? **RE**trabajo, cor**RE**cción, **RE**petición, **RE**visión.

3.2.3.- FMEA

Failure Mode Effect Analysis (Análisis del Modo de Fallo y Efecto, en español) es una herramienta de análisis del modo en que puede fallar una variable y su efecto en el Proceso. Un *FMEA* identifica la forma en la que un producto o proceso puede fallar, proporciona una magnitud del fallo y ayuda a prevenirlo.

La forma de trabajar de un *FMEA* es sencilla: Primero identifica los posibles modos de fallo de un Proceso y clasifica la gravedad del efecto que produciría cada fallo. Después analiza de forma objetiva la posibilidad de que se den las circunstancias que propician el fallo para detectar las causas en caso de que ocurra. Acto seguido ordena las deficiencias potenciales del producto o proceso para, finalmente, enfocarse en eliminar dichos fallos al evitar que las circunstancias que los provoquen aparezcan.

El *FMEA*, debido a su potencial, se utiliza durante casi todas las etapas de un proyecto *Six Sigma*:

- *MEASURE*: Ayuda a identificar las CTQs
- *ANALYZE*: Conecta causa y efecto
- *IMPROVE*: Determina las acciones de mejora
- *CONTROL*: Ayuda a desarrollar planes de control de procesos

Los beneficios de un *FMEA* son bastante evidentes:

- Mejora la calidad, fiabilidad y seguridad de los productos/procesos
- Ayuda a mejorar la satisfacción del cliente interno
- Reduce el tiempo y coste de desarrollo de un producto/proceso
- Documenta y da trazabilidad a las acciones realizadas para reducir el riesgo

Un *FMEA* se considera que es necesario principalmente en las siguientes situaciones:

- Cuando se diseña un nuevo producto/proceso
- Cuando se modifica un producto/proceso existente
- Cuando un producto/proceso existente se va a utilizar en una nueva aplicación o un nuevo entorno
- En entornos electrónicos/informáticos, cuando se ha definido un Sistema, justo antes de seleccionar las especificaciones del hardware
- En entornos de diseño, cuando las funciones del producto se han definido, justo antes de aprobarlo para producción
- En entornos de procesos, cuando los planos preliminares del producto están disponibles.

Cuando nos encontramos ante una de esas situaciones debemos realizar un *FMEA*, pero, ¿quién lo realiza? Debido a la cobertura casi total de la herramienta, se requiere la implicación de prácticamente todas las áreas relacionadas con el producto/proceso. El equipo deberá estar liderado por el responsable del producto o proceso que se vaya a analizar y, como miembros, podrán estar involucradas personas experimentadas de las áreas de producción, montaje, calidad, servicios, compras, proveedores o cualquier otra área que se considere relevante.

Los pasos a seguir a la hora de realizar un *FMEA* son los siguientes:

1. Seleccionar el equipo involucrado.
2. Desarrollar el Mapa de Procesos e identificar las etapas del mismo.

3. Identificar los Resultados de las etapas clave que satisfacen las necesidades del Cliente (interno o externo).
4. Identificar las Aportaciones a dichas etapas clave.
5. Definir la matriz de correlaciones entre Resultados del Procesos y Variables del Proceso.
6. Categorizar las Aportaciones según su importancia.
7. Identificar las posibles variaciones de las Aportaciones (las Causas) y los Modos de Fallo y Efectos que van producen.
8. Identificar otras posibles causas (fuentes de variabilidad) y los Modos de Fallo y Efectos que van producen.
9. Asignar valores de Severidad, Repetitividad y Facilidad de Detección a cada una de las Causas.
10. Calcular el *RPN* o *Risk Priority Number* (Valor de Prioridad del Riesgo, en español) para cada escenario posible de Modo de Fallo.
11. Crear un listado de acciones recomendadas para reducir los RPNs.
12. Establecer un calendario para la aplicación de las acciones correctivas.
13. Crear un gráfico de cascada para hacer una previsión de los riesgos.
14. Tomar las medidas apropiadas.
15. Recalcular todos los RPNs.
16. Colocar controles.

Análisis del Modo de Fallo y Efecto (FMEA)

Proceso o Producto	
Responsable	

Paso / Pieza	Modo de Fallo Potencial	Efecto del Fallo Potencial	SEV	Causa Potencial	REP	Controles actuales	DET	RPN	Acciones recomendadas	Responsable

Los *FMEA* se pueden realizar fácilmente en Excel; existen muchas plantillas que se pueden descargar de Internet pero, para realizar un *FMEA* correctamente, deben tenerse muy claros los siguientes conceptos:

- **Modo de Fallo:** Es la forma en la que un producto/proceso no cumple con las especificaciones. Normalmente está asociado a un defecto o a una no conformidad.
- **Causa:** Es la deficiencia que produce el Modo de Fallo. Las causas son las fuentes de la variabilidad asociada a las variables de las Aportaciones de los Procesos Clave.
- **Efecto:** Es el impacto que se produce en el cliente si el Modo de Fallo no es prevenido o corregido correctamente.

*La **Causa** es la que produce el **Modo de Fallo** (o Defecto) que tiene como consecuencia el **Efecto***

Al ser una herramienta matemática un *FMEA* realiza cálculos numéricos para obtener el *RPN*. Dicho valor se obtiene de la siguiente fórmula:

$$RPN = SEV \times REP \times DET$$

En todos los valores un 1 significa el caso más favorable y un 10 el caso más desfavorable.

- Cuando tratamos de valorar la <u>Severidad</u> debemos tener en cuenta cómo de grande es el Efecto causado al Cliente por el Modo de Fallo analizado.
- Cuando tratamos de valorar la <u>Repetitividad</u> debemos tener en cuenta la facilidad con la que la Causa del Modo de Fallo puede aparecer.
- Cuando tratamos de valorar la facilidad de <u>Detección</u> debemos tener en cuenta las posibilidades del sistema actual de detectar la Causa o el Modo de Fallo si ocurren.

La categorización de estos tres valores está relativamente establecida, aunque puede modificarse dependiendo de las necesidades específicas de cada caso. Los criterios más comunes son:

Valor	Severidad	Repetitividad	Detección
1	El Cliente no notará el efecto o es insignificante	La posibilidad de que el fallo ocurra es remota	Certeza de que el fallo potencial será detectado o prevenido a tiempo
2	El Cliente probablemente experimentará un ligero enfado	Baja ocurrencia del Fallo con documentación de apoyo	Casi certeza de que el fallo potencial será detectado o prevenido a tiempo
3	El Cliente se enfadará debido a una leve degradación del funcionamiento	Baja ocurrencia del Fallo sin documentación de apoyo	Poca certeza de que el fallo potencial será detectado o prevenido a tiempo
4	Insatisfacción del Cliente debido a degradación del funcionamiento	Fallos ocasionales	Los controles pueden detectar o prevenir el fallo potencial a tiempo
5	Incomodidad del Cliente o su productividad se ve reducida por un continuo empeoramiento del Efecto	Ocurrencia del Fallo relativamente moderada con documentación de apoyo.	Baja certeza de que el fallo potencial no será detectado o prevenido a tiempo
6	Reparación en garantía o Queja de montaje	Ocurrencia del Fallo moderada sin documentación de apoyo.	Los controles pueden fácilmente no detectar o prevenir el fallo potencial a tiempo
7	Alto grado de insatisfacción del Cliente debido a un fallo del componente sin pérdida total de funcionamiento. Impacto en la productividad debido a altos niveles de rechazo o reparación	Ocurrencia del Fallo relativamente alta con documentación de apoyo.	Pocas probabilidades de que el fallo potencial será detectado o prevenido a tiempo
8	Muy alto nivel de insatisfacción debido a una pérdida de funcionamiento sin impacto en las normativas de seguridad.	Ocurrencia del Fallo alta sin documentación de apoyo.	Muy pocas probabilidades de que el fallo potencial será detectado o prevenido a tiempo
9	Cliente amenazado debido a los efectos negativos en el funcionamiento del sistema de seguridad con aviso antes del fallo o violación de las normas de seguridad	El Fallo es casi una certeza de acuerdo a los datos de reclamaciones en garantía	Los controles actuales probablemente no detectarán el fallo potencial
10	Cliente amenazado debido a los efectos negativos en el funcionamiento del sistema de seguridad sin aviso antes del fallo o violación de las normas de seguridad	El Fallo está asegurado de acuerdo a los datos de reclamaciones en garantía	Certeza absoluta de que los controles no detectarán el fallo potencial

Para los valores de Repetitividad y facilidad de Detección también se podrían buscar valores numéricos de acuerdo a la siguiente tabla:

Valor	Repetitividad	Detección
1	1 vez cada 1.000.000	100 %
2	1 vez cada 20.000	99 %
3	1 vez cada 5.000	95 %
4	1 vez cada 2.000	90 %
5	1 vez cada 500	85 %
6	1 vez cada 100	80 %
7	1 vez cada 50	70 %
8	1 vez cada 20	60 %
9	1 vez cada 10	50 %
10	1 vez cada 2	<50 %

Al terminar de desarrollar un FMEA debemos recordar que deberá ser revisado. Es una herramienta viva, que cambia al mismo tiempo que cambia el producto/proceso. Cada vez que se considere una modificación de diseño o un cambio en un proceso deberá revisarse el FMEA relacionado con él.

3.2.4.- Tipos de datos

Ya hemos definido el Proceso y ya tenemos unos valores medibles sobre los que trabajar, pero antes de adentrarnos más allá habría que explicar la diferente naturaleza de dichos valores. Los tipos de datos que nos podemos encontrar se dividen en un primer momento en dos tipos: Discretos y Continuos.

Se denomina Dato Discreto (también conocido como Dato Categórico o Discontinuo) a aquél dato que sólo puede tomar un número finito de valores:

- Número de personas de un grupo
- Sí / No

Se denomina Dato Continuo (también conocido como Dato No Discreto) a aquél dato que puede tomar un número infinito de valores dentro de un cierto intervalo (incluyendo múltiples decimales):

- Gramos de harina de un saco
- Tiempo transcurrido entre dos sucesos

Aunque la obtención de datos discretos suele resultar más fácil dentro de un proceso, la utilidad de los datos continuos es mayor, y es el tipo de dato preferible dentro de un Proceso. Un dato discreto ofrece un valor exacto que te define si el resultado es correcto o erróneo; en cambio un dato continuo te indica el margen de error, lo que proporciona una mayor información sobre la situación del proceso.

El tipo de dato utilizado a la hora de medir una característica del Proceso es un factor crítico para tener la posibilidad de aprender el máximo de un proceso. Los datos continuos son más potentes y sensibles, proporcionando una mayor información con un menor número de muestras. El valor de los datos continuos queda patente a la hora de estudiar la variabilidad del Resultado de un Proceso. Mientras que un valor discreto sólo indicará el éxito o el fracaso del mismo, el valor continuo no sólo proporcionará la misma información, sino que además dará una medida del grado de éxito o fracaso conseguido.

Se deberán utilizar datos continuos siempre que sea posible

3.3.- Acotar el valor de Y

Una vez que tenemos características medibles con las que trabajar y una Y como valor resultado de la interacción de dichas *CTQs* (Y = f(X)) debemos determinar los límites de tolerancia de dicho valor de Y. Además, deberemos definir un sistema de medida para dichos valores y asegurarnos de que es un sistema de medida fiable; dicha comprobación la haremos a través de la herramienta denominada *Gage R&R*.

3.3.1.- Límites de tolerancia

Los límites de tolerancia nos proporcionan un rango de valores de Y que cumplen con los requisitos del cliente. Por ejemplo, supongamos que la necesidad del cliente es que las piezas "correctas" de un ensamblaje estén en el sitio "adecuado" en el momento "preciso". Después de analizar ese requerimiento podríamos llegar a la conclusión siguiente:

- Piezas "correctas": Piezas que coincidan con las solicitadas
- Sitio "adecuado": Enviadas a la localización exacta
- En el momento "preciso": Desde el inicio del pedido hasta la entrega no deben pasar más de 7 días hábiles.

Definir los límites de tolerancia no es sino la traducción de la *VoC* en valores medibles y, dentro de esos valores, aquellos que son aceptables para él.

3.3.2.- Definiciones Operacionales

Definición operacional es un concepto que ayuda a guiar nuestro razonamiento en el camino de saber qué propiedades se medirán y cómo se realizará dicha medida. Una definición operacional como tal es una descripción de una operación del proceso lo suficientemente detallada como para no albergar dudas de cómo medir los valores de dicha operación. Por poner dos ejemplos:

- Si hablamos del tiempo de duración de la operación, la definición operacional debe especificar claramente cuándo comienza y cuando termina dicha operación.
- Si hablamos de una operación de control de medida, debe estar claro el protocolo y el instrumento de medida a utilizar.

No hay una única manera de describir una definición operacional, en cada caso el equipo acordará la forma correcta adaptada a las circunstancias. El objetivo final de la definición operacional es que dos personas diferentes sean capaces de medir lo mismo. De ese modo se elimina la ambigüedad que pudiera existir al obtener dos observadores diferentes valores que no concuerden; cualquier persona que utilice la definición operacional mirará en la misma dirección que los demás, obteniendo valores similares y comparables entre sí. Para ello una definición operacional deberá:

- Identificar lo que hay que medir.
- Identificar cómo hay que medirlo.
- Asegurarse de que, independientemente de quien realice la medida, los resultados son básicamente iguales.
- Ser útil tanto para nosotros como para el Cliente.

Y, sobre todo, una definición operacional deberá contener como mínimo una definición de lo que es considerado un Defecto.

3.3.3.- Defecto

El Defecto es la definición más importante de todo el proyecto *Six Sigma*, ya que ella nos dará la medida de si todo el proceso cumple o no con los valores de *Six Sigma.* Consideramos Defecto a todo aquello que provoca la no satisfacción del Cliente. Cualquier resultado que sea No Conforme será un Defecto, y deberá estar claramente especificado en la Definición Operacional.

Aunque la compresión del concepto pueda resultar sencilla, su aplicación debe realizarse muy cuidadosamente y de manera que no pueda arrojar ninguna sombra o trazos de ambigüedad sobre lo que se considera un Defecto y lo que no.

3.3.4.- Cómo establecer los límites de tolerancia

Para establecer los límites de tolerancia de nuestro proceso, y de esa manera acotar la Y, se debe estructurar el razonamiento utilizado según el esquema de la figura siguiente.

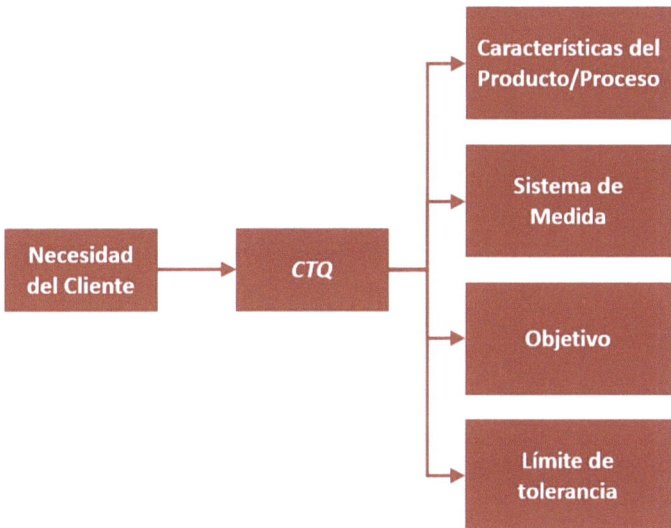

Para explicarlo mejor utilizaré un ejemplo: Supongamos que la necesidad de nuestro cliente es "tener los planos a tiempo" (necesidad, por otra parte, muy común en los entornos de producción). Pero, ¿Qué significa para nuestro cliente tener los planos "a tiempo"? Vayamos al esquema:

- Características de Producto/Proceso: Necesitamos una frase o incluso una sola palabra que defina el proceso o el servicio que tiene como resultado el objetivo de nuestro cliente. En nuestro ejemplo sería "Ciclo de tiempo entre la modificación de un dibujo (o creación de uno nuevo) y su liberación para la producción".
- Sistema de Medida: Debemos definir cómo se va a cuantificar el proceso o característica. Puede haber varias maneras de cuantificar una misma característica; deberemos utilizar aquella que nos proporcione, en la medida de lo posible, valores continuos y no discretos. En este caso elegiremos el "tiempo desde el momento en el que se crea en el sistema interno el requerimiento para la modificación del dibujo hasta su aprobación final".
- Objetivo: Es el "centro de la diana" de nuestro proceso, lo que deberíamos conseguir. Si no hubiera variabilidad en el proceso siempre obtendríamos ese resultado exacto. Para nuestro ejemplo diremos que nuestro objetivo son 13 semanas.

- Límite de Tolerancia: Para obtener este dato nos haremos la siguiente pregunta: ¿Cuál es la variabilidad que nuestro Cliente toleraría en la entrega de nuestro producto o proceso? Para nuestro ejemplo particular la pregunta sería el tiempo máximo que aceptaría nuestro Cliente hasta tener el nuevo dibujo liberado, y la respuesta nos la daría el propio Cliente. En este caso nos comunica que 15 semanas.

Así que, para el ejemplo que hemos desarrollado, el esquema nos guiaría hasta conseguir un valor de "Y", además de una tolerancia del mismo:

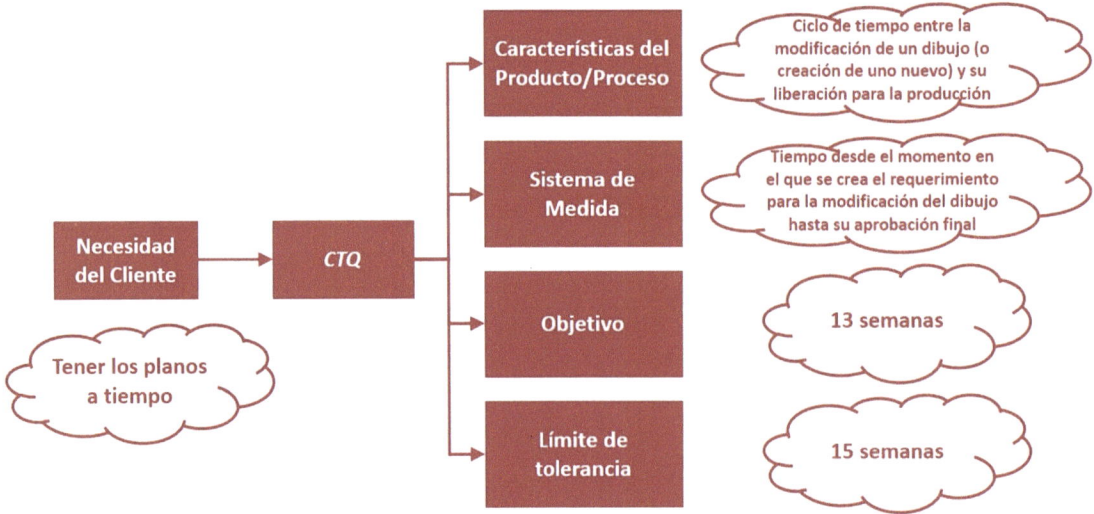

3.3.5.- La importancia del valor medible

Como hemos expuesto en el ejemplo anterior, el valor medible que obtenemos del sistema de medida debe cuantificar la Y del Proceso, pero existen varias formas de cuantificar una misma característica, de modo que ¿cuál utilizaremos?

En el caso de existir dudas se suele recurrir a matrices de Medida. Una Matriz de medida no es sino una tabla desarrollada dentro de la empresa en la que se muestran varias características y los diferentes sistemas de medida utilizables. Un simple vistazo a una matriz de medida resuelve normalmente las dudas que pudieran existir.

Tipo de CTQ	Fuente de tolerancia	Sistema de Medida	
		Continuo	Discreto
Dimensión	Planos	Valor de medida	OK/NOK, Dentro/fuera de tolerancia
Tiempo	Normas, Requerimientos del Cliente, Oferta Comercial	Tiempo real	Por encima/debajo del tiempo establecido
Dinero	Presupuesto, Oferta Comercial	Coste real	Por encima/debajo del coste establecido
Progreso	Proceso	% completado	Terminado / No terminado
Calidad	Normas de Calidad, Proceso	Número de errores	Bueno / Malo

Y, como regla inflexible, ante la duda siempre hay que seleccionar aquel sistema de medida que proporcione un valor continuo y no discreto.

3.4.- Analizar el Sistema de Medida

Todo el trabajo que hemos realizado hasta ahora no serviría de nada si tenemos un Sistema de Medida inexacto o que no sea lo suficientemente preciso. Los datos que obtengamos como resultado de una medición serán tan fiables (y, por lo tanto, útiles) como bueno sea el Sistema de Medida con el que se han obtenido. Si queremos medir los segundos que tarda un proceso obviamente no utilizaremos un cronómetro sin segundero. Igualmente, cuando queramos definir cómo se debe de medir una variable no hay que dejar lugar a la interpretación; si hablamos de un proceso y queremos medir el tiempo que tarda en realizarse debe de estar definido perfectamente el momento en el que se debe comenzar a contar el tiempo y el momento justo en el que se termina. Si lo que queremos es saber si una pieza es conforme al plano, ¿se medirán el 100% de las dimensiones o solo las más importantes? ¿Se medirán utilizando una regla, una cinta métrica o un calibre? Todas esas decisiones afectan al sistema de medida y dan un valor acerca de lo fiable que puede ser. En esta parte del proyecto analizaremos nuestro Sistema de Medida y decidiremos si es el adecuado.

Con el Sistema de Medida adecuado podremos recopilar tanto datos históricos como actuales de nuestro proceso y sus variables, teniendo una foto precisa del lugar en el que actualmente se encuentra con respecto al objetivo que estamos persiguiendo; también proporciona la base del cálculo de la influencia de cada una de las X en el valor de Y, lo que nos indica qué "teclas" deberemos "tocar" para conseguir que nuestro proceso real se ajuste a nuestro objetivo ideal.

Una vez definido un Sistema de Medida y validada su idoneidad, éste deberá ser documentado para ser utilizado desde ese momento y en adelante. Así cuando pasado un tiempo vuelva a medirse dicho proceso se podrán comparar los datos de ese momento con los históricos teniendo la certeza de que se está comparando el mismo valor de datos.

3.4.1.- El Proceso de Medida

¿Por qué utilizamos la expresión "Proceso" de Medida? Porque el Sistema de Medida es un Proceso como tal, con una Aportación un Proceso y un Resultado. Si el Proceso de Medida no es preciso, la calidad que se perciba del Resultado del Proceso principal no será tampoco precisa.

Dado que vamos a tratar el Sistema de Medida como un Proceso en sí, deberemos aplicar la misma metodología con las mismas fases de un Proceso *Six Sigma* como tal. Si, por ejemplo, tenemos un proceso de fabricación de tuercas, el Sistema de Medición de la calidad de dichas tuercas sería nuestro Proceso de medida de la calidad de las tuercas como tal.

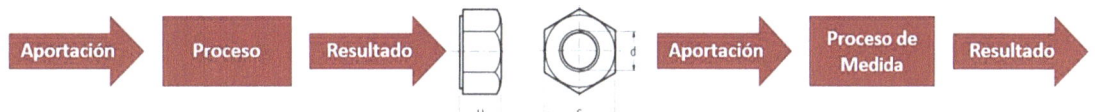

3.4.2.- Posibles fuentes de Variabilidad

Existen dos fuentes primarias de variabilidad en un Proceso de Medida: Repetitividad y Reproducibilidad.

Definimos el término Repetitividad como la variación observada cuando <u>el mismo</u> operador/instrumento mide el mismo elemento. También se define como Réplica o error "puro", y es el error fundamental sobre el que se toman todas las conclusiones relacionadas con la interpretación de los datos.

Definimos Reproducibilidad como la variación observada cuando un operador/instrumento <u>diferente</u> mide el mismo elemento.

Sólo una vez conocida la variabilidad de una medida puede entrar a valorarse la influencia de otros factores en un Proceso. La capacidad de réplica del resultado de la medida es parte importante de cualquier experimento.

Un Sistema de Medida no revelará "voluntariamente" el tipo de distorsión, inexactitud o imprecisión que transmite a los resultados de medida. Deberemos forzarlo para encontrar sus defectos ocultos.

Siguiendo con nuestro ejemplo de la "fábrica de tuercas", las fuentes de variabilidad se podrían explicar gráficamente de la siguiente manera:

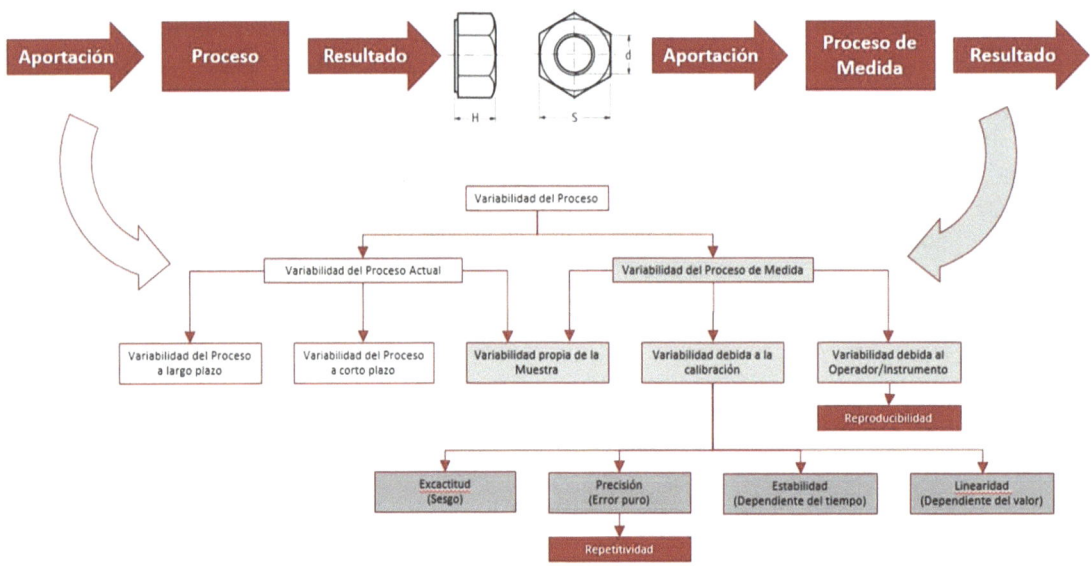

Para poder comprender mejor algunos términos utilizaremos el ejemplo de un arquero disparando a una diana.

- <u>Exactitud:</u> Lo cerca que queda la flecha de la diana. En general se define como la diferencia entre la medida promedio observada y el estándar.
- <u>Precisión/Repetitividad:</u> La posibilidad de que, al volver a disparar una nueva flecha, se clave en el mismo lugar de la anterior. En general es la variación que se produce cuando una persona mide repetidamente el mismo elemento utilizando el mismo instrumento de medida.
- <u>Reproducibilidad:</u> La posibilidad de que otro arquero utilizando el mismo arco clave la flecha en el mismo sitio. En términos generales se define como la variación que se

produce cuando varias personas diferentes miden repetidamente el mismo elemento utilizando el mismo instrumento de medida.

- Estabilidad: La posibilidad de que, si pasado un tiempo vuelves a disparar una flecha, ésta vuelva a clavarse en el mismo sitio (consistencia en el tiempo). En general se define como la variación obtenida cuando una misma persona mide el mismo elemento con el mismo instrumento de medida en momentos muy espaciados en el tiempo.
- Linearidad: Es la consistencia del Sistema de Medida a lo largo de todo el rango de medida posible.

3.4.3.- Precisión y Exactitud en el instrumento de medida

Los pilares básicos del instrumento de medida utilizado en el Proceso de Medida serán su Precisión y su Exactitud. También podríamos denominarlas como Tolerancia y Margen de Error. La herramienta utilizada para ese proceso debe de tener ambas propiedades:

Hablamos de Precisión ya que el instrumento debe de tener una tolerancia de, al menos, una décima parte del resultado. Por ejemplo, si vamos a medir los centímetros que mide una pieza,

el instrumento debería ser capaz de marcar claramente no sólo los centímetros sino también los milímetros. Si utilizáramos una regla que sólo marcara los centímetros como la que se puede ver en la figura de la derecha, podríamos intentar

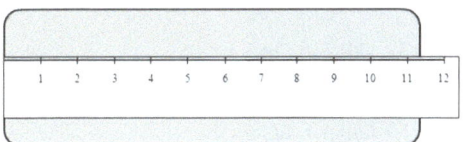

ajustar nuestro valor de medida y decir que la pieza mide 11.3 pero queda claro que no es el instrumento adecuado. Sin dicha tolerancia es muy posible que no pueda obtenerse una medida fiable.

La Exactitud es necesaria para que el margen de error que produzca nuestro sistema de medida no invalide el Resultado del Proceso de Medida. El margen de error del instrumento de medida debe de ser inferior al margen de error del Resultado del Proceso. Si eso no ocurriera, sería imposible determinar la variabilidad del Proceso. Un ejemplo muy visual sería el de los radares de tráfico; imaginemos que queremos medir la velocidad de un coche y que ésta tiene que ser de 100 km/h. Si el Proceso que manejamos no permite más que un margen del 5% para que la velocidad se acepte (el coche tiene que ir a una velocidad entre 95 y 105 km/h para que cumpla con lo que necesitamos) no podríamos utilizar un radar de tráfico, ya que estos tienen un margen de error del 10%. Si dicho radar mide un valor de, por ejemplo, 104 km/h, no sabríamos si la velocidad real del coche está o no por debajo de los 105 km/h permitidos por nuestro proceso.

Utilizando de nuevo la analogía del arco antes mencionada el efecto de la Precisión y Exactitud del instrumento de medida se podría definir de la siguiente manera:

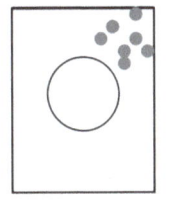
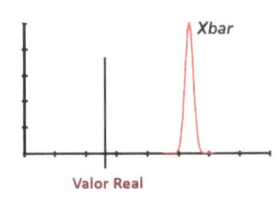
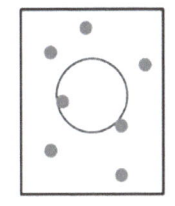
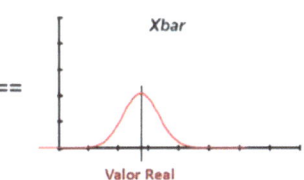

I.- Preciso, pero no Exacto

II.- Exacto, pero no Preciso

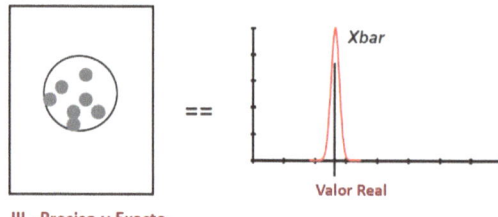

III.- Preciso y Exacto

3.4.4.- Ensayo *Test-Retest*

Existen diferentes pruebas a las que someter un Proceso de Medida para su análisis. Las más utilizadas en Six Sigma son el ensayo *Test-Retest* y el *Gage R&R*. El primero de ambos es bastante más sencillo de realizar y da un primer vistazo al proceso. Es recomendable utilizarlo cuando hay dudas claras acerca del Proceso de Medida, ya que con este ensayo pueden salir a la luz las deficiencias del Proceso con facilidad. Este ensayo determina la Precisión del Proceso de Medida e incide específicamente en su Repetitividad.

El ensayo se realiza repitiendo varias veces el mismo Proceso de Medida en las mismas condiciones:

- Mismo Operador
- Mismo Instrumento de medida
- Misma Muestra

El número ideal de medidas para este ensayo es de 20 medidas. Si el Proceso de Medida resulta dificultoso o caro se puede trabajar con 10-15 medidas, pero cuantas más medidas se puedan obtener mejor será el resultado que nos arroje el ensayo. Una vez obtenidas todas las medidas se debe calcular la Media y la Desviación Estándar de las mismas.

Nota: *Llegados a este punto comenzaremos a utilizar herramientas de cálculo estadístico. Puede utilizarse Excel si aquellos usuarios avanzados quieren trabajar con él, pero existen programas específicamente diseñados para realizar los cálculos estadísticos propios de la metodología Six Sigma. Uno de ellos, quizás el más utilizado, es el llamado MiniTab, el cual es una versión reducida del Omnitab y puede encontrarse en versión para estudiantes de forma gratuita. A partir de este momento algunas de las imágenes que aparezcan serán capturas de dicho programa, aunque los datos obtenidos podrán también obtenerse en Excel.*

Vamos a realizar un ejemplo en el que se mide el grosor de una pieza de 50 milímetros. Para ello vamos a realizar 30 medidas con un instrumento cuyo margen de error es de +/-10 mm. Después de realizar las medidas los resultados han sido los siguientes:

53	48	48	45	53	51	52	55	53	47
51	44	54	47	52	52	52	52	52	47
55	55	35	59	52	45	53	48	54	53

Paso 1: Dibujar las 30 medidas en la secuencia que se han obtenido, buscando "patrones" o "tendencias" que nos indiquen las posibles desviaciones que se produzcan en el Proceso de Medida conforme se van realizando las consecutivas mediciones.

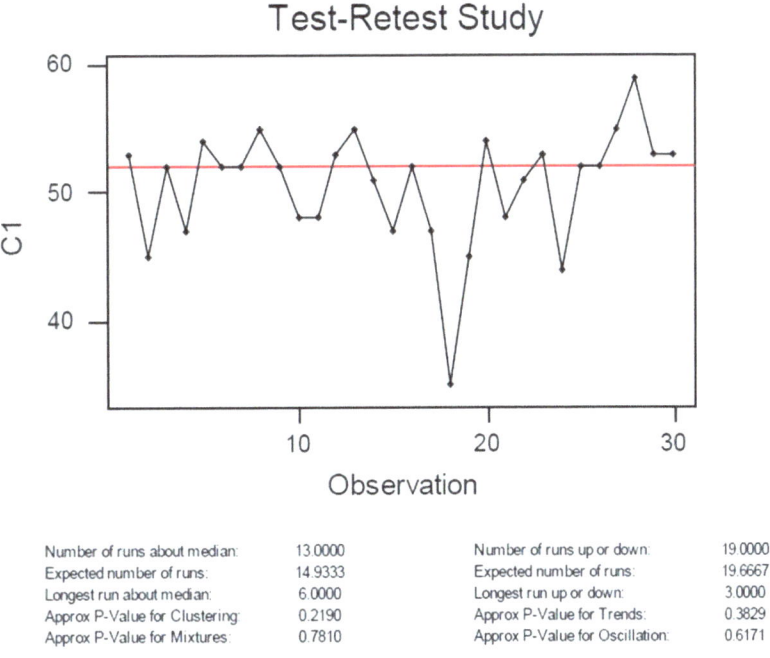

Number of runs about median:	13.0000	Number of runs up or down:	19.0000
Expected number of runs:	14.9333	Expected number of runs:	19.6667
Longest run about median:	6.0000	Longest run up or down:	3.0000
Approx P-Value for Clustering:	0.2190	Approx P-Value for Trends:	0.3829
Approx P-Value for Mixtures:	0.7810	Approx P-Value for Oscillation:	0.6171

Paso 2: Calcular los valores estadísticos de las mediciones del ensayo (Media y Desviación Estándar) y dibujar un histograma de las mediciones. En este caso obtendremos una Media de 50,6 y una Desviación Estándar de 4,6.

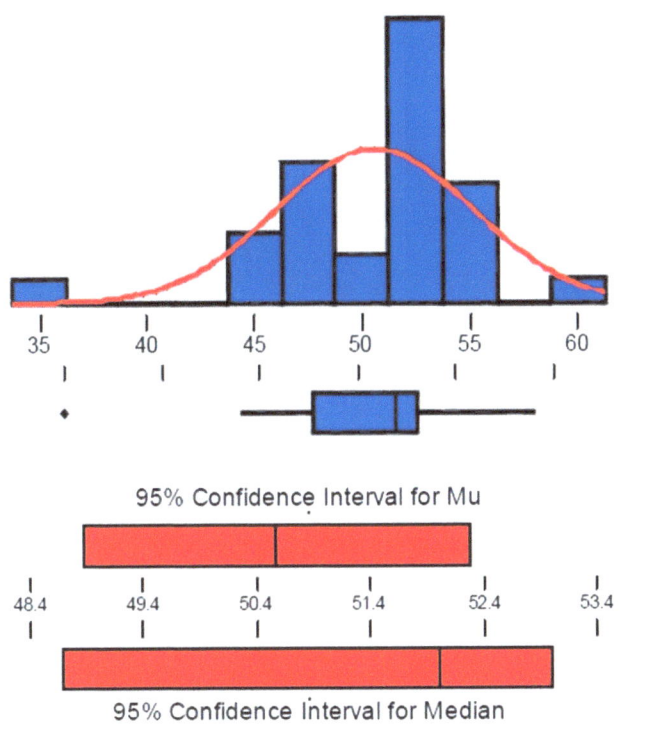

Variable: C1

Anderson-Darling Normality Test

A-Squared:	1.210
P-Value:	0.003

Mean	50.5667
StDev	4.5613
Variance	20.8057
Skewness	-1.38288
Kurtosis	3.50411
N	30

Minimum	35.0000
1st Quartile	47.7500
Median	52.0000
3rd Quartile	53.0000
Maximum	59.0000

95% Confidence Interval for Mu

48.8634	52.2699

95% Confidence Interval for Sigma

3.6327	6.1319

95% Confidence Interval for Median

48.6861	53.0000

Paso 3: Obtener las conclusiones. La primera de todas en este ejemplo estaba bastante clara, y es que el margen de tolerancia del instrumento utilizado en el Proceso de Medida no era aceptable. Para obtener la comprobación matemática de este resultado se realiza el siguiente cálculo:

1. El margen de error +/-10 mm, lo que hace que haya 20 mm de margen de error en la medida.
2. La Desviación Estándar es de 4,6
3. En términos matemáticos la décima parte del margen de error debe de ser superior a la Desviación Estándar
4. La décima parte del margen de error es 2, que es muy inferior a la Desviación Estándar

+/-10 mm → 20 mm → 1/10 x 20 = 2,0 → Dev. Est. = 4,6 >> 2,0

Dado que se conocía el resultado correcto del Proceso de Medida, 50 milímetros, y conociendo el valor de la Media, 50,6, sabemos que la inexactitud del Proceso de Medida es de 0,6.

En el caso de que el margen de tolerancia hubiera sido aceptable se podría haber llegado al acuerdo de que el Proceso de Medida tiene una desviación de 0,6 milímetros respecto al valor real, con lo que se podrían ajustar los valores futuros resultantes de dicho Proceso restando 0,6 a ese valor y dar por válido el Proceso de Medida.

3.4.5.- Ensayo *Gage R&R*

El ensayo *Gage R&R* combina la repetitividad y reproducibilidad del resultado de un Proceso de Medida, de ahí sus siglas *R&R*. Es un análisis del Proceso de Medida mucho más complejo que el *Test-Retest* y sus resultados son mucho más profundos, ya que no sólo se basa en el instrumento de medida utilizado, sino que además analiza la influencia del operador. De ahora en adelante utilizaremos las siglas VI para indicar la Variación debida al Instrumento y VO para la Variación debida al Operador.

Dada la importancia del resultado del ensayo y de los recursos que necesita, se recomienda seguir las siguientes directrices a la hora de realizarlo:

- Seguir el Proceso de Medida que se está realizando actualmente al pie de la letra, sin modificaciones que interfieran en el resultado.
- Utilizar a los operadores que actualmente realizan ese Proceso de Medida. En el caso de no ser suficientes, utilizar personal que esté familiarizado con procesos de medición.
- Planificar las mediciones del ensayo y seguir dicha planificación estrictamente.
- Realizar el ensayo en el lugar en el que normalmente se realiza el Proceso de Medida para evitar la influencia de factores externos.
- Utilizar el instrumental que actualmente se usa en el Proceso de Medida.

Los valores de VI y VO en su relación con el resultado del ensayo *R&R* se pueden calcular utilizando la Regla de Pitágoras:

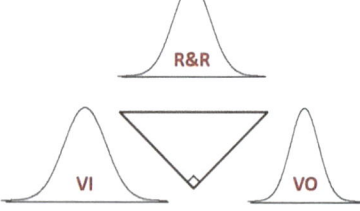

$$\sigma_{VI}^2 + \sigma_{VO}^2 = \sigma_{R\&R}^2$$

Existen tres tipos de Ensayos *Gage R&R* que se pueden realizar: Versión larga, Versión Corta y ANOVA. Las dos primeras versiones se basan en el número de ensayos y operarios utilizados. El método Anova utiliza el análisis del modelo de efectos de variación aleatoria para determinar el ensayo *Gage R & R*. Este método es muy apropiado para muestras mayores, debido a que puede adaptarse a cualquier combinación de evaluaciones, pruebas y piezas.

La mecánica del ensayo es muy simple:

1. Se determinan el número de operadores que participarán (en la versión corta pueden ser 3-5, en la versión larga 5-9 y en ANOVA 10 o más)
2. Se determinan el número de muestras que se van a medir (en la versión corta pueden ser 3-5, en la versión larga 5-9 y en ANOVA 10 o más)
3. Se determina el número de veces que cada operador va a medir cada muestra (en las versiones corta y larga pueden ser 1 única vez y en ANOVA 3 o más)
4. El primer operador realiza una primera medición sobre cada una de las muestras; no lo hace por orden, sino aleatoriamente, y anota los resultados.
5. El siguiente operador realiza su primera medición sobre las mismas muestras, en el orden que él considere, y anota los resultados.
6. A continuación, van el resto de operadores. Cuando todos hayan realizado una primera medición sobre todas las muestras, el primer operador realiza la segunda medición sobre las muestras. El orden de las muestras no debe ser el mismo que el de la anterior medición.
7. Se siguen realizando medidas hasta que todos los operadores han realizado todas las medidas sobre todas muestras.
8. Se analizan los resultados de las medidas

Los resultados del *GR&R* se muestran como un valor porcentual. Dicho porcentaje, aunque puede estar sujeto a variación dependiendo del criterio específico utilizado, suele clasificarse de la siguiente manera:

• <u>Inferior al 10%:</u> Proceso de Medida aceptable
• <u>Entre el 10% y el 30%:</u> Proceso de Medida potencialmente aceptable, sujeto a la decisión del equipo responsable.
• <u>Superior al 30%:</u> Proceso de Medida inaceptable. Debe redefinirse eliminando las causas de variabilidad del Proceso de Medida.

Es importante decir que este ensayo se realiza sobre valores continuos. Existe otro tipo de ensayos *Gage R&R*:

• *Attribute Gage R&R* o *AR&R*: Se utiliza para valores discretos en lugar de continuos
• *Destructive Gage R&R*: Se utiliza para aquellos Procesos de Medida en los que la muestra acaba destruida. Por ejemplo, un ensayo de resistencia al impacto, límite elástico o dureza superficial.

Vamos a realizar un ejemplo de una versión Corta de un *Gage R&R*. Para ello vamos a utilizar 5 muestras, 2 operadores y se realizará una sola medición sobre cada una de las muestras. El instrumento utilizado tiene un margen de error de +/- 10, por lo que su tolerancia será de 20. De este modo tendremos el siguiente resultado:

Muestra	Operador A	Operador B	Diferencia
1	4	2	2
2	3	4	1
3	6	7	1
4	5	7	2
5	9	8	1
		Suma	7
		Media	1,4

El porcentaje de la tolerancia del *Gage R&R* se calcula con la siguiente fórmula:

$$\% \text{ de Tolerancia del } Gage\ R\&R = \frac{Valor\ del\ \text{Gage R\&R x 100}}{Tolerancia\ del\ instrumento}$$

Conocemos el valor de la Tolerancia del instrumento, que es 20, pero no el Valor del *Gage R&R*. Éste se calcula según la siguiente fórmula:

$$\text{Valor del } Gage\ R\&R = \frac{5,15\ x\ Media}{D^*}$$

El valor de 5,15 proviene del valor correspondiente a la Desviación Estándar correspondiente al 99% en una distribución Normal.

El valor D^* es una constante que se obtiene en función de los operadores y del número de muestras utilizadas. En la tabla inferior puede verse los diferentes valores a utilizar:

Muestras	Operadores		
	2	3	4
1	1,41	1,91	2,24
2	1,28	1,81	2,15
3	1,23	1,77	2,12
4	1,21	1,75	2,11
5	1,19	1,74	2,10
6	1,18	1,73	2,09
7	1,17	1,73	2,09
8	1,17	1,72	2,08
9	1,16	1,72	2,08
10	1,16	1,72	2,08

De modo que, aplicando los valores a las fórmulas, el resultado sería:

$$\text{Valor del } Gage\ R\&R = \frac{5,15\ x\ 1,4}{1,19} = 6.1$$

$$\% \text{ de Tolerancia del } Gage\ R\&R = \frac{6,1\ x\ 100}{20} = 30,5\ \%$$

Debido a que el valor excede el 30%, el Proceso de Medida no es válido. Habrá que modificarlo para poder obtener resultados fiables con el mismo.

Mostrar un ejemplo de un *Gage R&R* tipo ANOVA requeriría el uso de *MiniTab*, dado que los cálculos a realizar son bastante más complejos que en la Versión Corta. Recordad que en ese caso hablamos de 10 muestras medidas por 10 operadores, realizando 3 medidas en cada una de las muestras. Eso sí, la cantidad de información proporcionada para su análisis también sería mucho mayor. Sólo a modo de muestra adjunto una captura de pantalla del resultado gráfico que nos daría *MiniTab* de un *Gage R&R* Tipo ANOVA y lo que indica cada una de dichas gráficas:

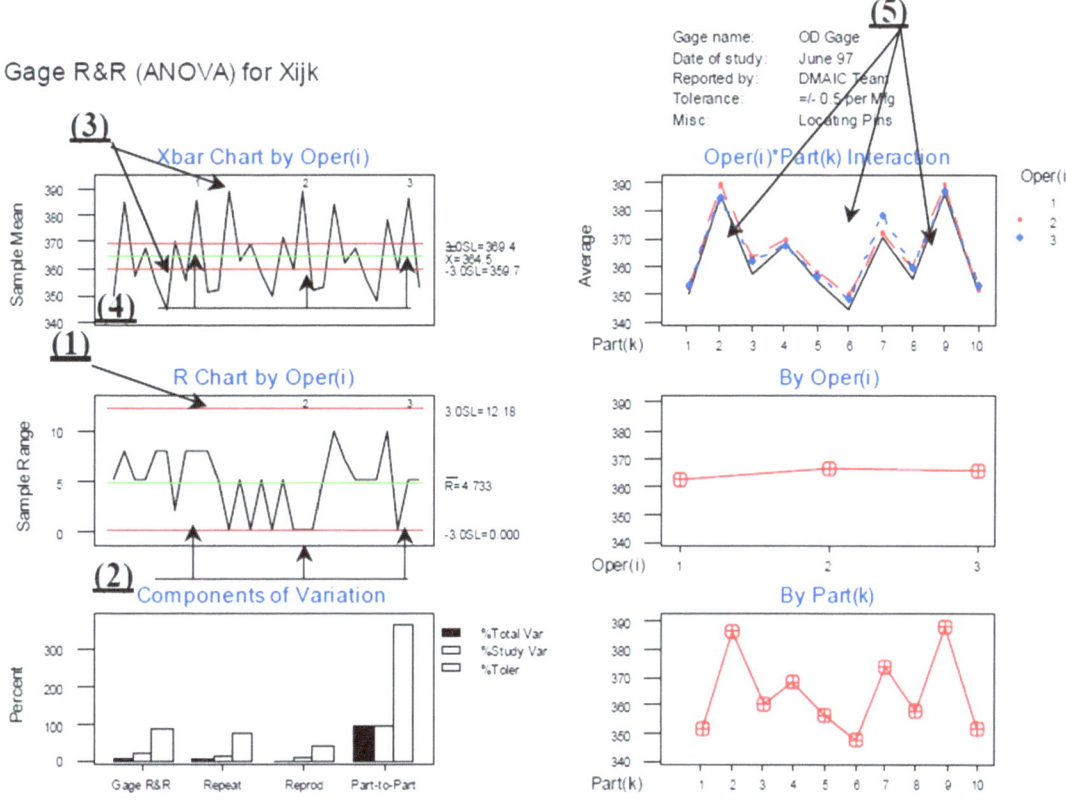

1. <u>Estabilidad</u>: Las líneas rojas marcan los valores de +/- 3 Sigma respecto a la Media $\bar{R}$ para los operadores 1, 2 y 3. Si no hay valores por encima de la línea roja superior entonces es Ok

2. <u>Consistencia Interna</u>: Al mirar el patrón de las medidas de los tres operadores deberían ser parecidas, consistentes. En este caso observamos que, por ejemplo, los valores que ha obtenido el operador 1 no son para nada parecidos a los obtenidos por el operador 2 para las mismas muestras. Lo mismo ocurre con el operador 3 respecto a los anteriores. Esto nos da una pista de que hay variabilidad en el Proceso de Medida debido a las muestras.

3. <u>Resolución efectiva</u>: La gráfica muestra la variabilidad de la muestra vs la variabilidad del Proceso, por ello en este caso buscaremos lo opuesto al punto 1. Cuantos más valores queden fuera de los límites de las líneas rojas, mejor. Como mínimo deberían estar el 50% de los valores. En este ejemplo se encuentran 19 de 30.

4. <u>Consistencia de valores</u>: De nuevo observamos el patrón entre operadores. En este caso se observa claramente que sí se repite el patrón de medida de un operador a otro, lo que elimina la posible variabilidad en función del operador.

5. <u>Variación Sistemática</u>: Indica la interacción entre operador y muestra. Cuanto más juntas estén las tres gráficas, menor será la variabilidad.

Observando estas gráficas podríamos decir que el Proceso de Medida es NOK debido a problemas de Repetitividad o Precisión. Al medir de nuevo la misma pieza no da el mismo resultado que antes.

3.5.- Resumen

Al final de la fase *MEASURE* deberemos haber sido capaces de:

- Identificar las x y la Y del proceso
- Definir los valores de trabajo de Y, incluyendo los valores aceptables.
- Definir Oportunidad y Defecto
- Seleccionar un sistema de medida
- Validar el sistema de medida
- Recopilar datos medibles del proceso
- Caracterizar los datos utilizando la Media y la Desviación Típica

Capítulo 4.- *ANALYZE*

4.1.- Introducción

Ya tenemos totalmente definido nuestro proceso, identificadas las *CTQs*, acotado un valor de aceptable para Y, además de un Sistema de Medida válido para obtener su valor. Es decir, tenemos las herramientas necesarias para poder trabajar en las "tripas" del Proceso. Ahora hay que analizarlo para saber si realmente es posible conseguir el objetivo que deseamos. No tiene sentido intentar conseguir un objetivo si el Proceso a través del cual se obtiene no posee la capacidad necesaria para llegar a cumplirlo. Por ello en la primera parte de esta fase del Proyecto vamos a estudiar la capacidad y los límites de nuestro actual Proceso.

Una vez que sabemos de lo que es capaz nuestro Proceso vamos a acotar el valor de Y que queremos conseguir. Hasta ahora tenemos el valor de Y que nuestro Cliente quería, con unos límites de tolerancia que dicho Cliente consideraba aceptables. Lo que haremos en esta parte del proyecto es confrontar ese deseo de nuestro Cliente con la capacidad del Proceso. Quizás el proceso pueda incluso superar las expectativas del Cliente, o a lo mejor los márgenes de tolerancia son demasiado estrechos y debemos llegar a un acuerdo con el Cliente para, dentro de las posibilidades del Proceso, conseguir unos objetivos de compromiso.

Finalmente, sabiendo lo que queremos conseguir y la capacidad de nuestro proceso para conseguirlo, analizaremos las variables Xs que tendremos que modificar para llegar a ese punto. Identificaremos las fuentes de variabilidad del Proceso, la mayor o menor influencia de cada una de las Xs en nuestra Y, y así iremos obteniendo información de cara a la siguiente fase del Proceso, en la que jugaremos con esas Xs hasta conseguir el objetivo deseado.

Los objetivos a conseguir durante esta fase del Proyecto son:

- Establecer la Capacidad del Proceso actual.
- Establecer un objetivo de mejora.
- Estudiar la estabilidad, forma, Media y Desviación Típica de nuestro Proceso.
- Determinar las Xs clave que impactan en nuestra Y.
- Recomendar acciones de mejora para la siguiente fase, *IMPROVE*.

4.1.1.- Capacidad de un Proceso

Cuando examinamos la Y de un proceso, nuestro Resultado final, ésta tiene una Media y una Desviación Típica. Para comparar el funcionamiento entre procesos se utiliza el valor denominado z. El valor z es un estándar de medida utilizado para describir la capacidad de un proceso y mide la cantidad de Desviaciones Típicas que entran dentro de los límites de tolerancia de nuestras especificaciones.

En la figura de la derecha podemos ver el valor z de los procesos diferentes. Dado que *Six Sigma* utiliza terminología internacional, denominaremos a dichos límites según su notación en inglés:

- *LSL*: Del inglés *Lower Specification Limit*, es el Límite Inferior de Tolerancia
- *USL*: Del inglés *Upper Specification Limit*, es el Límite Superior de Tolerancia

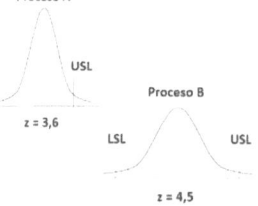

¿Cuál de ambos procesos que es mejor? Aunque a priori parezca que el Proceso A posee una mayor capacidad ya que sólo tiene un límite superior y no un inferior (Esto ocurre, por ejemplo, cuando queremos que una aleación no funda a una temperatura determinada) el valor z nos indica que realmente el control que poseemos sobre el proceso es menor, ya que sólo tenemos el control de 3,6 veces la Desviación Típica, mientras que en el Proceso B el control es mucho mayor.

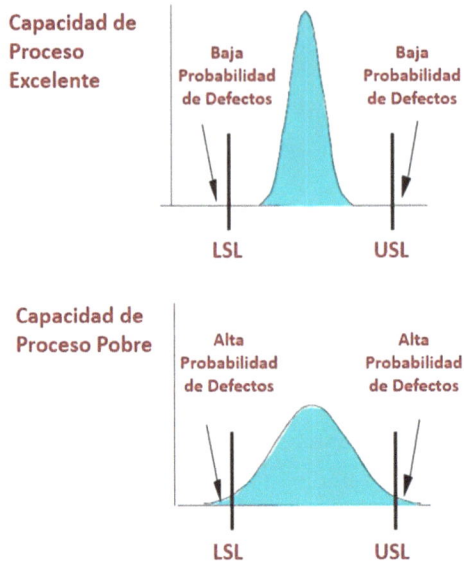

Si habláramos en términos ideales nos gustaría que la capacidad de nuestro proceso fuera lo suficientemente alta como para estar completamente dentro de los límites marcados por nuestro Cliente. Desgraciadamente eso no suele ser lo común. Lo normal es que quede siempre parte del Proceso fuera de dichos límites, y esas partes del Proceso son las que acaban provocando los defectos y, a la postre, la viabilidad o no de dicho Proceso.

4.1.2.- Comprensión del Proceso

Durante la fase *ANALYZE* realizaremos varias pruebas y cálculos estadísticos:

- Primero estudiaremos la Estabilidad de un Proceso, examinando los datos que lo componen y buscando patrones de tendencia o agrupación. Observaremos el funcionamiento de nuestro Proceso actualmente utilizando todos los datos históricos de que podamos disponer. De esta manera veremos la evolución del valor Y en el tiempo y buscaremos encontrar aquellas variables que hayan hecho que el valor de Y haya ido cambiando. También comprobaremos cómo de estable es actualmente el proceso ya que sabremos cómo ha variado Y a lo largo del periodo de tiempo del que dispongamos datos.

- Acto seguido estudiaremos la Forma de esos mismos datos, para saber si estamos hablando de una distribución normal o no. Buscaremos sus valores de Media y Desviación Típica, así como las fuentes que definen dichos valores. También, en el caso de que la distribución no sea Normal, buscaremos el por qué.

- Después observaremos su Dispersión para encontrar las fuentes de Variabilidad y cómo reducirlas. Por último, estudiaremos su Centrado, para conseguir que nuestro Proceso "apunte" al objetivo que estamos buscando. Buscaremos la influencia de cada una de las Xs tanto en la Dispersión de los valores de Y (su Desviación Típica) como como en el Centrado de la susodicha Y (su Media), consiguiendo un proceso centrado y estable.

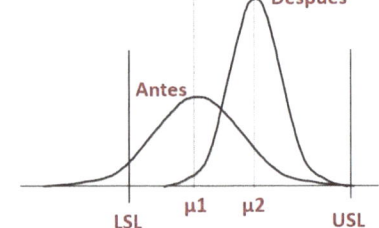

Cada uno de estos estudios se realizará con una herramienta estadística diferente en función del objetivo del análisis y del tipo de datos (discretos o continuos) de que dispongamos. Los resultados nos proporcionarán las piezas clave para poder completar el puzzle que nos dé la comprensión total del Proceso. Conforme vayamos llegando a cada uno de esos análisis se explicarán la metodología de trabajo y los fundamentos de cada uno de las herramientas utilizadas, que serán entre otras Ensayos de Normalidad, Test de Homogeneidad de Varianza o cálculos ANOVA similares al utilizado en el *Gage R&R*.

4.2.- Establecer la Capacidad del Proceso

Como ya hemos ido comprobando, la estadística es la base sobre la que se sustenta todo proceso *Six Sigma*. Hemos hablado de distribuciones normales, que son las ideales con las que siempre nos gustaría trabajar, pero no es el único tipo de distribución que se da en la naturaleza o en un Proceso.

4.2.1.- Tipos de distribuciones

Una distribución no es sino la representación gráfica del conjunto de resultados de realizar repetidas veces un Proceso, y esa representación gráfica puede variar dependiendo de los posibles resultado y la probabilidad de obtener cada uno de ellos. En principio las distribuciones se clasifican en dos grandes tipos, las distribuciones continuas y las distribuciones discretas. Dado que siempre vamos a tratar que nuestro valor Y sea un valor continuo, dejaremos las distribuciones discretas a un lado y nos centraremos en las continuas. Dentro de éstas, las más representativas (que no todas) son las siguientes:

- Distribución Uniforme: Es aquella en la que todos los valores tienen la misma probabilidad de aparecer. Un ejemplo claro sería un Proceso que consistiera en tirar un dado. Existe la misma 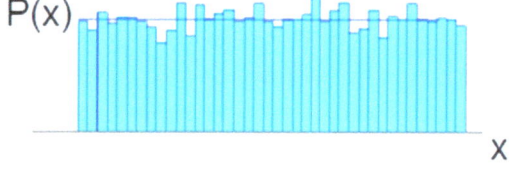 probabilidad de que salga cualquiera de los 6 resultados posibles.

- Distribución Triangular: Se denomina triangular a la distribución de probabilidad que tiene un valor mínimo y un valor máximo claramente establecidos, de modo que la función de densidad de probabilidad es cero para los extremos (a y b), y afín entre cada extremo y la moda, por lo que su gráfico es un triángulo. Se emplea básicamente en Economía y en aquellos problemas en los cuales se conocen muy pocos o ningún dato.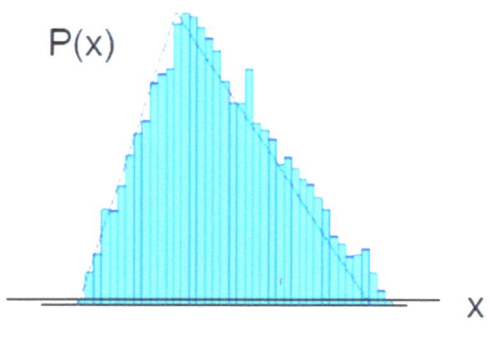

- Distribución Normal: Es la función más ampliamente utilizada, ya que la mayoría de los experimentos la referencian, la que con más frecuencia aparece aproximada en fenómenos reales y la preferida en nuestro caso. Además de Normal recibe los nombres de distribución de Gauss o Distribución 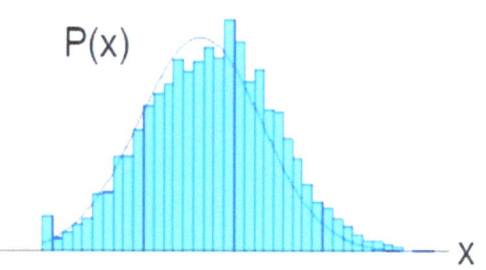 Gaussiana. Tiene una forma acampanada y es simétrica respecto de su Media. Esta curva se conoce como campana de Gauss y es el gráfico de una función gaussiana.

- Distribución Exponencial: Puede ser negativa (como en la figura) o positiva, y es un tipo particular de otra distribución llamada Gamma. A pesar de que la distribución Normal puede utilizarse para resolver muchos problemas en ingeniería y ciencias, existen aún numerosas situaciones que requieren diferentes tipos de 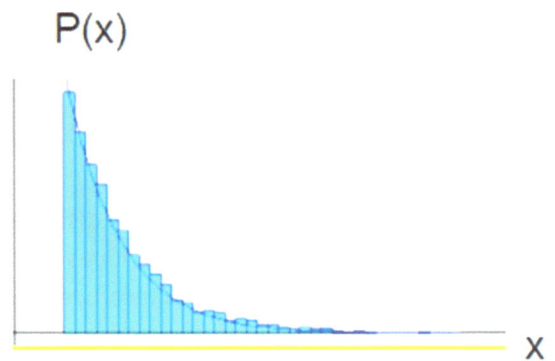 funciones de densidad, tales como la exponencial. Por poner ejemplos sencillos, el tiempo transcurrido en un *call center* hasta recibir la primera llamada del día se podría modelar como una exponencial. Otros ejemplos podrían ser el intervalo de tiempos entre terremotos de una misma magnitud o la cantidad de hilo de alambre que puede producir una máquina hasta encontrar un defecto en el mismo.

Existen muchas otras distribuciones estadísticas que no tienen aplicación en la metodología *Six Sigma* por lo que no las explicaremos aquí. Como ejemplo de dichas distribuciones se encuentran la Beta, Logarítmica Continua, Normal Truncada, U-cuadrática, Recíproca, etc..

4.2.2.- Parámetros matemáticos

Aunque ya hemos tratado ciertos términos estadísticos, hay algunos otros que deberemos conocer, juntos con las fórmulas matemáticas que se utilizan para obtenerlos. Aunque no lleguemos a utiliza dichas fórmulas (ya existen programas matemáticos que realizan los cálculos) sí que conviene conocerlas para comprender los resultados arrojados por ellas.

Ya conocemos los términos de Media, definido por la letra griega µ (mu), y Desviación Estándar, definido por la letra griega σ (sigma). Además de ellos dos vamos a introducir un tercer término denominado Población Estadística o Universo; es el conjunto de elementos de referencia sobre el que se realizan las observaciones. También es el conjunto sobre el que estamos interesados en obtener conclusiones (inferir). Normalmente es demasiado grande para poder abarcarla, motivo por el cual se puede hacer necesaria la extracción de una Muestra de ésta. Los valores µ y σ son específicos de cada Población Estadística, y varían si dicha población cambia. Cuando hablamos de Población Estadística utilizaremos el término *N*, mientras que la Muestra de dicha población se notará con la letra *n*.

Con esos conceptos podemos calcular los valores básicos de una distribución, tanto si estamos analizando una Población Estadística o una Muestra:

Población Estadística

- Media: $\mu = \dfrac{\sum_{i=1}^{N} X_i}{N}$
- Varianza: $\sigma^2 = \dfrac{\sum_{i=1}^{N}(X_i-\mu)^2}{N}$
- Desviación Estándar: $\sigma = \sqrt[2]{\dfrac{\sum_{i=1}^{N}(X_i-\mu)^2}{N}}$

Muestra Estadística

- Media: $\hat{\mu} = \bar{X} = \frac{\sum_{i=1}^{n} X_i}{n}$

- Varianza: $\widehat{\sigma^2} = s^2 = \frac{\sum_{i=1}^{n}(X_i - \bar{X})^2}{n}$

- Desviación Estándar: $\hat{\sigma} = s = \sqrt[2]{\frac{\sum_{i=1}^{n}(X_i - \bar{X})^2}{n}}$

4.2.3.- Distribución Normal Estándar

La Distribución Normal Estándar (también denominada Tipificada o Reducida) es aquella en la que su Media es 0 y su Desviación Estándar es 1, y se nota por N(0,1). Se trata de una modelización matemática; en base a ella existen tablas, estudios y fórmulas para estudiar sus resultados y comportamiento. Por ello lo que se suele hacer normalmente es transformar una distribución Normal en Normal Estándar utilizando un procedimiento específico; después se analizan los datos, se obtienen conclusiones del análisis y se invierte dicho procedimiento específico para que esas conclusiones tengan efecto en nuestra Distribución Normal.

Una manera de transformar una Distribución Normal en Estándar es utilizando el valor Z. El valor Z de una *x* determinada es el número de desviaciones estándar que hay entre la Media y el valor *x*.

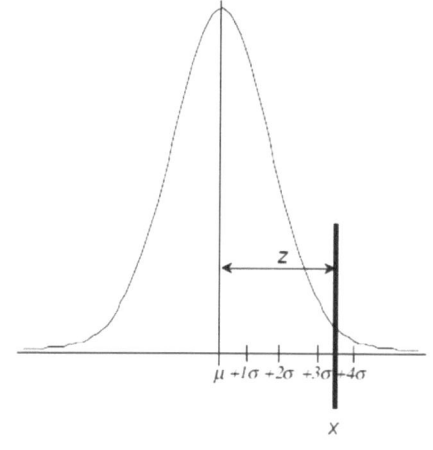

$$Z = \frac{x - \mu}{\sigma}$$

4.2.4.- Cálculo de Capacidad de un Proceso

Vamos a Calcular la Capacidad de un Proceso determinado utilizando las herramientas estadísticas que acabamos de aprender. Supongamos un Proceso en el que, como valores de Y, hemos obtenido los siguientes resultados:

8,30935	8,61892	8,62944	8,48459	8,52606
8,54337	8,53467	8,48189	8,54814	8,39409

Con dichos resultados obtendremos los siguientes valores:

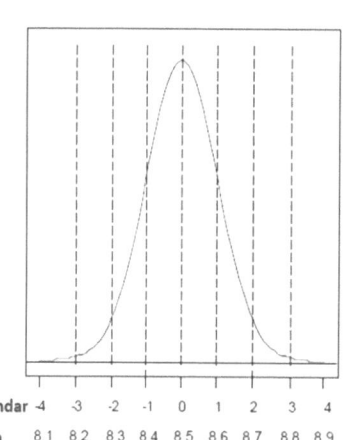

$\bar{x} = 8,5$

$S = 0,1$

Nuestro Cliente Interno nos comunica que los valores aceptables para él se encuentran entre 8,2 y 8,7 por lo que tendremos que saber la probabilidad de que un resultado del Proceso quede fuera de dichos valores aceptables. Para ello calcularemos el valor Z de cada uno de dichos límites. Esos valores Z nos darán, a través de unas tablas, los valores de probabilidad que estamos buscando.

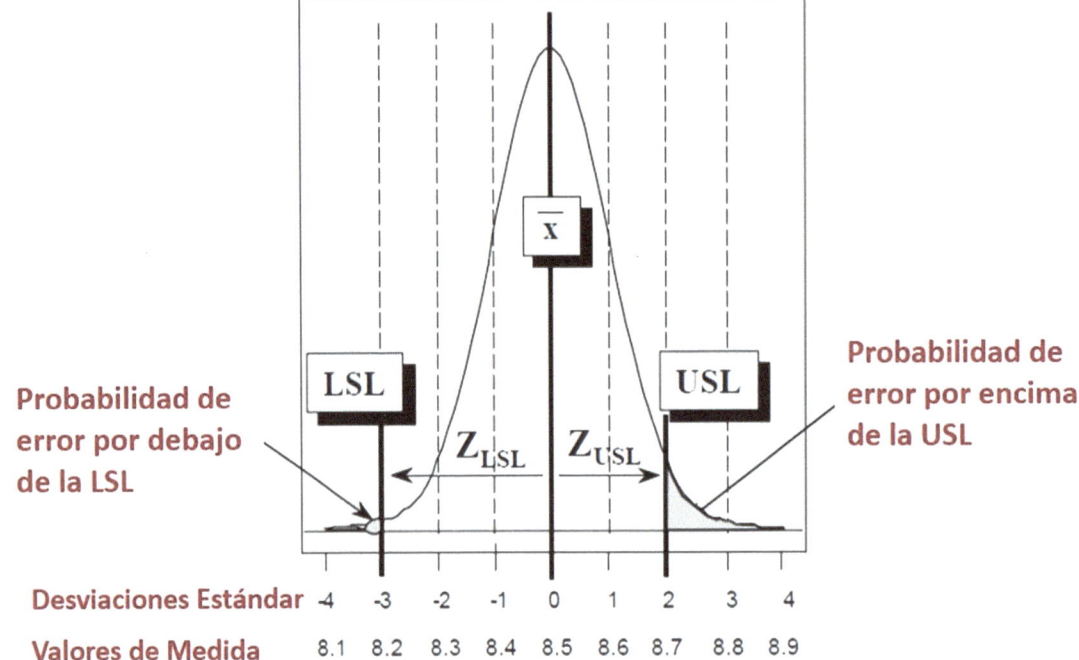

En la gráfica se ve sombreadas en gris las zonas que quedan fuera de los límites aceptables para el Proceso. Si no hubiera zonas en gris tendríamos un proceso perfecto, y si toda el área estuviera sombreada tendríamos un proceso incapaz de conseguir el resultado deseado. Nuestra tarea ahora es cuantificar el valor del área sombreada.

Al ser una distribución estadística, el área bajo la curva tiene un valor de 1 (que equivale al 100% de resultados posibles del proceso). La suma de las dos áreas en gris nos dará la probabilidad, de forma porcentual, de que nuestro proceso falle y el resto hasta 1 será la probabilidad de éxito.

$$Z_{USL} = \frac{USL - \bar{x}}{s} = \frac{8,7 - 8,5}{0,1} = 2$$

$$Z_{LSL} = \frac{\bar{x} - LSL}{s} = \frac{8,5 - 8,2}{0,1} = 3$$

Esos valores de Z_{USL} y Z_{LSL} corresponden a valores porcentuales que se deben mirar en la Tabla de Probabilidades de una Normal Estándar. Se pueden encontrar fácilmente en Internet.

$$\left. \begin{array}{l} Z_{USL} = 2 \rightarrow P(d)_{USL} = 0{,}0228 \\ Z_{LSL} = 3 \rightarrow P(d)_{LSL} = 0{,}0013 \end{array} \right\} P = P(d)_{USL} + P(d)_{LSL} = 0{,}0241 \rightarrow 2{,}41\%$$

De modo que el Proceso actual, sin modificar ninguno de sus parámetros, tiene un porcentaje del 2,41% de producir un resultado que esté fuera de las especificaciones.

Aquí se puede ver una imagen del aspecto que presentan estas tablas y ejemplos de cómo encontrar los valores de Z:

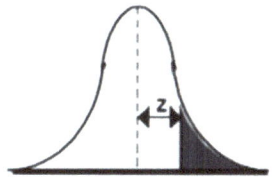

Z	0.00	0.01	0.02	0.03	0.04	0.05	0.06	0.07	0.08	0.09
0.00	5.00e-001	4.96e-001	4.92e-001	4.88e-001	4.84e-001	4.80e-001	4.76e-001	4.72e-001	4.68e-001	4.64e-001
0.10	4.60e-001	4.56e-001	4.52e-001	4.48e-001	4.44e-001	4.40e-001	4.36e-001	4.33e-001	4.29e-001	4.25e-001
0.20	4.21e-001	4.17e-001	4.13e-001	4.09e-001	4.05e-001	4.01e-001	3.97e-001	3.94e-001	3.90e-001	3.86e-001
0.30	3.82e-001	3.78e-001	3.74e-001	3.71e-001	3.67e-001	3.63e-001	3.59e-001	3.56e-001	3.52e-001	3.48e-001
0.40	3.45e-001	3.41e-001	3.37e-001	3.34e-001		3.26e-001	3.23e-001	3.19e-001	3.16e-001	3.12e-001
0.50	3.09e-001	3.05e-001	3.02e-001	2.98e-00		2.91e-001	2.88e-001	2.84e-001	2.81e-001	2.78e-001
0.60	2.74e-001	2.71e-001	2.68e-001	2.64e-0		2.58e-001	2.55e-001	2.51e-001	2.48e-001	2.45e-001
0.70	2.42e-001	2.39e-001	2.36e-001	2.33e-001	2.30e-001	2.27e-001	2.24e-001	2.21e-001	2.18e-001	2.15e-001
0.80	2.12e-001	2.09e-001	2.06e-001	2.03e-001	2.00e-001	1.98e-001	1.95e-001	1.92e-001	1.89e-001	1.87e-001
0.90	1.84e-001	1.81e-001	1.79e-001	1.76e-001	1.74e-001	1.71e-001	1.69e-001	1.66e-001	1.64e-001	1.61e-001
1.00	1.59e-001	1.56e-001	1.54e-001	1.52e-001	1.49e-001	1.46e-001	1.45e-001	1.42e-001	1.40e-001	1.38e-001
1.10	1.36e-001	1.33e-001	1.31e-001	1.29e-001	1.27e-001	1.25e-001	1.23e-001	1.21e-001	1.19e-001	1.17e-001
1.20	1.15e-001		1.11e-001	1.09e-001	1.07e-001	1.06e-001	1.04e-001	1.02e-001	1.00e-001	9.85e-002
1.30	9.68e-002		9.34e-002	9.18e-002	9.01e-002	8.85e-002	8.69e-002	8.53e-002	8.38e-002	8.23e-002
1.40	8.08e-002		7.78e-002	7.64e-002	7.49e-002	7.35e-002	7.21e-002	7.08e-002	6.94e-002	6.81e-002
1.50	6.68e-002		6.43e-002	6.30e-002	6.18e-002	6.06e-002	5.94e-002	5.82e-002	5.71e-002	5.59e-002
1.60	5.48e-002	5.37e-002	5.26e-002	5.16e-002	5.05e-002	4.95e-002	4.85e-002	4.75e-002	4.65e-002	4.55e-002
1.70	4.46e-002	4.36e-002	4.27e-002	4.18e-002	4.09e-002	4.01e-002	3.92e-002	3.84e-002	3.75e-002	3.67e-002
1.80	3.59e-002	3.51e-002	3.44e-002	3.36e-002	3.29e-002	3.22e-002	3.14e-002	3.07e-002	3.01e-002	2.94e-002
1.90	2.87e-002	2.81e-002	2.74e-002	2.68e-002	2.62e-002	2.56e-002	2.50e-002		2.39e-002	2.33e-002
2.00	2.28e-002	2.22e-002	2.17e-002	2.12e-002	2.07e-002	2.02e-002	1.97e-00		1.88e-002	1.83e-002
2.10	1.79e-002	1.74e-002	1.70e-002	1.66e-002	1.62e-002	1.58e-002	1.54e-002	1.50e-002	1.46e-002	1.43e-002
2.20	1.39e-002	1.36e-002	1.32e-002	1.29e-002	1.25e-002	1.22e-002	1.19e-002	1.16e-00	1.13e-002	1.10e-002
2.30	1.07e-002	1.04e-002	1.02e-002	9.90e-003	9.64e-003	9.39e-003	9.14e-003	8.89e-003	8.66e-003	8.42e-003
2.40	8.20e-003	7.98e-003	7.76e-003	7.55e-003	7.34e-003	7.14e-003	6.95e-003	6.76e-003	6.57e-003	6.39e-003
2.50	6.21e-003	6.04e-003	5.87e-003	5.70e-003	5.54e-003	5.39e-003	5.23e-003	5.08e-003	4.94e-003	4.80e-003
2.60	4.66e-003	4.53e-003	4.40e-003	4.27e-003	4.15e-003	4.02e-003	3.91e-003	3.79e-003	3.68e-003	3.57e-003
2.70	3.47e-003	3.36e-003	3.26e-003	3.17e-003	3.07e-003	2.98e-003	2.89e-003	2.80e-003	2.72e-003	2.64e-003
2.80	2.56e-003	2.48e-003	2.40e-003	2.33e-003	2.26e-003	2.19e-003	2.12e-003	2.05e-003	1.99e-003	1.93e-003
2.90	1.87e-003	1.81e-003	1.75e-003	1.69e-003	1.64e-003	1.59e-003	1.54e-003	1.49e-003	1.44e-003	1.39e-003

4.2.5.- Cálculo de la Capacidad de un Proceso con datos discretos

¿Qué ocurre en el caso de que no tengamos un Proceso que produzca datos continuos sino discretos? En ese caso no podemos utilizar los cálculos que acabamos de realizar, pero sí algo parecido. Para los cálculos con datos discretos nos apoyaremos en los siguientes conceptos ya explicados anteriormente. Utilizaremos un ejemplo en el que un Proceso produce cubos con 5 agujeros, los cuales no deben de estar tapados:

- Unidades: Es el número de resultados del Proceso que vamos a hacer parte del estudio. En este caso son 4 Unidades.
- Oportunidad: Es la característica que se comprueba en la inspección. En nuestro ejemplo tenemos 5 oportunidades por Unidad, una por agujero que debe de estar tapado.
- Defecto: Cualquier disconformidad con lo requerido por el Cliente. En nuestro caso tenemos 9 Defectos (agujeros tapados)

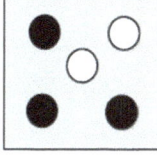
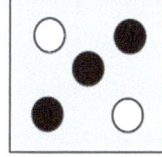
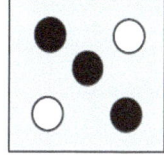
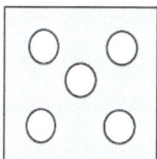

En el caso de datos discretos las fórmulas serán las siguientes:

- Defectos por Unidad: DPU = D/U = 9/4 = 2,25

- Total de Oportunidades: TOP = U x OP = 4 x 5 = 20

- Defectos por Oportunidad (% de Fallo):   DPO = D / TOP = 9 / 20 = 0,45 → 45%

- Defectos por millón de Oportunidades: DPMO = DPO x 1.000.000 = 450.000

Existen tablas de conversión que a partir del valor DPMO muestran el valor σ de un proceso:

Sigma table

Long term DPMO	Actual Sigma (long term)	Reported Sigma (short term)
500,000	0	1.5
460,172	0.1	1.6
420,740	0.2	1.7
382,089	0.3	1.8
344,578	0.4	1.9
308,538	0.5	2
274,253	0.6	2.1
241,964	0.7	2.2
211,855	0.8	2.3
184,060	0.9	2.4
158,655	1	2.5
135,666	1.1	2.6
115,070	1.2	2.7
96,801	1.3	2.8
80,757	1.4	2.9
66,807	1.5	3
54,799	1.6	3.1
44,565	1.7	3.2
35,930	1.8	3.3
28,716	1.9	3.4
22,750	2	3.5
17,864	2.1	3.6
13,903	2.2	3.7
10,724	2.3	3.8
8,198	2.4	3.9
6,210	2.5	4
4,661	2.6	4.1
3,467	2.7	4.2
2,555	2.8	4.3
1,866	2.9	4.4
1,350	3	4.5
968	3.1	4.6
687	3.2	4.7
483	3.3	4.8
337	3.4	4.9
233	3.5	5
159	3.6	5.1
108	3.7	5.2
72	3.8	5.3
48	3.9	5.4
32	4	5.5
21	4.1	5.6
13	4.2	5.7
9	4.3	5.8
5	4.4	5.9
3.4	4.5	6

Z = Sigma Capability

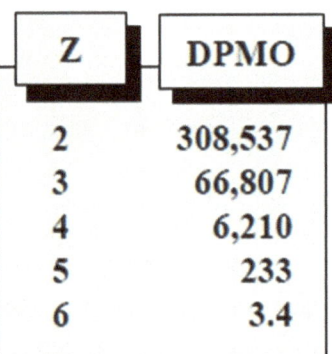

Z	DPMO
2	308,537
3	66,807
4	6,210
5	233
6	3.4

En nuestro caso estaríamos muy por debajo del valor 2σ, con un valor a corto plazo por debajo de 1,7σ y a largo plazo por debajo de 0,2σ. Algo, a todas luces, inaceptable.

4.2.6.- Rendimiento

La medida de rendimiento es la medida del éxito de un Proceso. Aunque haya gente que piense que un nivel 3σ es suficiente, lo cierto es que si observamos la complejidad de un Proceso es fácil ver que no es así.

Por poner un ejemplo, imaginemos un Proceso de fabricación que consta de 3 pasos. En dicho proceso, como medida de mejora, hemos implementado controles de calidad entre los pasos que desechan las piezas que salen defectuosas en cada uno de los pasos del Proceso y las envían a reparación. Además, tenemos un control final que desecha aquellas piezas defectuosas al final del proceso. El proceso podría mostrarse como el de la figura siguiente:

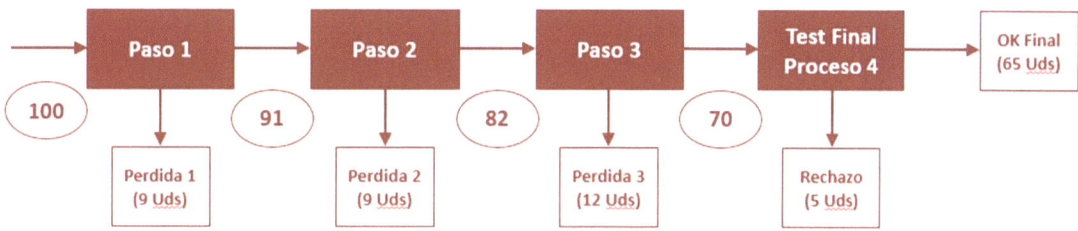

En el proceso podemos ver que:

- Entran 100 piezas "brutas"
- Durante el primer paso de fabricación se rechazan 9 unidades. Pasan 91 al siguiente proceso.
- Durante el segundo paso de nuevo se rechazan 9 unidades. Pasan 82 al siguiente proceso.
- Durante el tercer y último paso se rechazan 12 unidades. Pasan 70 unidades al Control de Calidad Final.
- De esas 70 unidades, se rechazan 5 unidades. Se obtienen 65 piezas OK.

Ahora nos preguntamos, ¿Cuál es el rendimiento del proceso? Podríamos decir que salen 65 unidades correctas de cada 70 fabricadas... o podríamos decir que salen 65 unidades de cada 100. Para evitar malentendidos hay que definir los siguientes tipos de Rendimiento:

- Rendimiento Clásico Y_C: Es el nº de piezas libres de defectos dividido entre el número de piezas obtenidas al final de <u>todo</u> el proceso: $Y_C = {}^{65}/_{70} = 0,93 \rightarrow 93\%$
- Rendimiento de Primera Pasada Y_{FT}: Es el nº de piezas libres de defectos dividido entre el número de piezas introducidas al inicio del proceso: $Y_{FT} = {}^{65}/_{100} = 0,65 \rightarrow 65\%$
- Rendimiento Real o Estándar Y_{RT}: Es la probabilidad de pasar por todos los pasos sin defectos: $Y_{RT} = {}^{91}/_{100} \ x \ {}^{82}/_{91} \ x \ {}^{70}/_{82} \ x \ {}^{65}/_{70} = 0,65 \rightarrow 65\%$

A priori hay dos conclusiones que podemos sacar de dichas definiciones. La primera de todas es que hay varias formas de medir el rendimiento y todas pueden ser validas pero, ¿Cuál es la que realmente nos aporta más información? Si tuviéramos que elegir entre Y_C e Y_{FT} deberíamos elegir el segundo valor de Rendimiento, ya que da una imagen más real de lo que realmente ocurre en el proceso. De nada vale decir que podemos hacer 65 piezas de cada 70 que terminan el proceso si no damos información acerca de las 30 que hemos ido descartando durante los distintos pasos.

La segunda conclusión es que Y_{FT} e Y_{RT} son el mismo valor, y por lo tanto da igual cuál de los dos valores utilicemos. Esto es incorrecto, y es muy importante conocer la diferencia. Cambiaremos de ejemplo y pondremos otro en el que veremos claras las diferencias:

Imaginemos un nuevo Proceso en el que hay dos pasos y una última fase de control, pero en este caso asumiremos que aquellas piezas desechadas durante los controles al final de cada Paso se pueden volver a reutilizar e introducir de nuevo en el proceso. Esto ocurre, por ejemplo, en el moldeo de termoplásticos, donde las piezas que salen defectuosas del molde se pueden triturar y volver a fundir de nuevo. En este caso el proceso sería como el de la figura de la derecha.

Como podemos ver en el primer paso se han desechado 5 piezas, que se han vuelto a reutilizar. En el segundo paso hemos hecho lo mismo, reutilizando las 5 piezas que de nuevo han sido defectuosas. En este caso los valores Y_{FT} e Y_{RT} son:

$$Y_{FT} = {}^{100}/_{100} = 1 \rightarrow 100\%$$

$$Y_{RT} = {}^{95}/_{100} \ x \ {}^{95}/_{100} = 0,95 \ x \ 0,95 = 0,90 \rightarrow 90\%$$

En este caso los valores difieren, pero, ¿Cuál es el más correcto? Podríamos argumentar que Y_{FT} nos da la información correcta, ya que de las 100 unidades que metemos salen 100 piezas OK, pero entonces estaríamos olvidando que hemos tenido que realizar un trabajo de reproceso de 10 unidades a lo largo del Proceso de fabricación. Ese trabajo de reproceso tiene un coste que, aunque pueda estar oculto a primera vista, existe. Nuestro trabajo es optimizar el Proceso, de modo que no podemos obviar los costes del trabajo de reproceso. Por ello utilizaremos el valor Y_{RT}.

Una vez que tenemos esta información volvamos a la cuestión con la que hemos iniciado este apartado, ¿Es 3σ un nivel de calidad suficiente? Conforme la complejidad de un proceso aumente y haya más pasos, el valor Y_{RT} irá disminuyendo cada vez más. La única forma de disminuir Y_{RT} es aumentando el valor de σ o disminuyendo la complejidad de un Proceso pero, ¿Cuánto se puede simplificar un proceso, por ejemplo, de fabricación de una turbina?

En la tabla de la derecha vemos la variación del valor Y_{RT} en función de la complejidad de un Proceso y del valor σ del mismo. Dicha tabla nos da una idea del impacto de σ en la calidad de los Procesos.

Pasos del Proceso	σ=3	σ=4,5	σ=6
1	93,32	99,865	99,999
20	25,09	97,334	99,993
60	1,58	92,214	99,979
100	-	87,363	99,966
200	-	76,324	99,932
500	-	50,892	99,83
1000	-	6,696	99,322

4.2.7.- Variación de σ en el tiempo. 1,5 σ

Al cambiar cualquier variable de un proceso, el valor σ del mismo cambia. Por ello debemos ser capaces de distinguir cuáles de los posibles cambios podemos controlar. Habrá ciertas variables que en efecto podremos controlar, como la formación del operario, la velocidad del Proceso, el tipo de materia prima… pero existen ciertas variables que no seremos capaces de controlar; las máquinas se desgastan, las condiciones ambientales cambian, los aparatos de medición se recalibran, el personal operario pude cambiar, etc.

Por poner un ejemplo: durante 10 años de vida útil de una máquina involucrada en un Proceso es posible que la manejen 5 operarios diferentes, se recalibre 10 veces y sufra diversas operaciones de mantenimiento, tanto preventivo como correctivo. Todos esos cambios implican añadir fuentes de variación del Proceso y la suma de todos esos cambios, poco a poco, va haciendo que el valor Z de la distribución de nuestro proceso cambie.

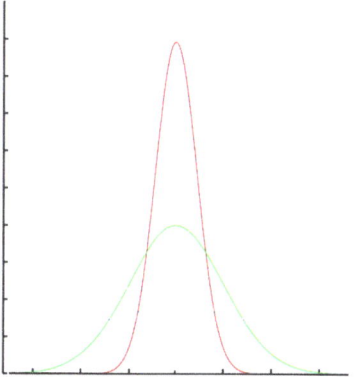

Es común que un proceso que, una vez optimizado, presente una gráfica como la roja en el dibujo de la derecha. Esa gráfica permanecerá invariable a corto plazo pero, con el paso del tiempo, poco a poco se irá convirtiendo en la gráfica verde. Por ello debemos ser capaces de prever lo que va a suceder con nuestro proceso cuando pase un largo plazo de tiempo.

Como en Ingeniería somos todos muy tiquismiquis deberemos preguntarnos, ¿Qué consideramos que es un "corto plazo" y qué es un "largo plazo"?

- A <u>corto plazo</u> las fuentes de variación permanecen relativamente constantes, controladas o pueden ser consideradas de una misma naturaleza. Por ejemplo: producto fabricado con material de un mismo lote, en condiciones de trabajo con una misma máquina, operadores y métodos.
- A <u>largo plazo</u> las fuentes de variación experimentan cambios. Estos cambios pueden ser relacionados con el lote, la maquinaria, ambientales, etc.

Motorola, empresa pionera en la metodología *Six Sigma*, comprobó empíricamente que muchas operaciones en productos complejos tendían a desplazarse ±1,5 σ en el tiempo; por tanto, un proceso ±6 σ a la larga tendrá 4,5 σ hacia uno de los límites de especificación, generando 3,4 DPMO. El Profesor Pandu. R. Tadikamalla estableció que es normal que un proceso tienda a descentrarse ±1,5 σ lo cual proporciona una idea real de la capacidad del Proceso a través de varios ciclos de funcionamiento. También estableció que ese desplazamiento puede ser en dirección positiva o negativa, pero nunca en ambas direcciones.

Por ello para el cálculo de datos a largo plazo a partir de datos a corto plazo se resta 1,5 σ por los desplazamientos que sufre la Media provocados por el cambio natural en el Proceso a través del tiempo. Este valor de 1,5 se denota como Z_{Shift} de modo que:

$$Z_{ST} = Z_{LT} + Z_{Shift} = Z_{LT} + 1,5$$

A título informativo solamente, indicar que a veces un proceso puede definirse por la variable $Z_{Benchmark}$, cuya fórmula es $Z_{Benchmark} = Z_{YN} + 1,5$, donde $Z_{YN} = \sqrt[n]{Y_{RT}}$ y n es el número de pasos de un Proceso.

4.3.- Definir Objetivo Acotado de Y

Si recordáis en el Capítulo 3 definimos cuál era el valor de Y junto con sus límites de tolerancia. Ahora, conociendo la capacidad real del proceso, vamos a establecer cuál es nuestro objetivo para dicha Y basándonos en los datos reales estadísticos.

Para definir ese objetivo acotado pueden utilizarse diferentes aproximaciones, pero la más efectiva es la de la Evaluación Comparativa o *Benchmarking*.

4.3.1.- Evaluación Comparativa o *Benchmarking*

Antes de seguir mirando nuestros números y analizarlos debemos parar por un momento y pensar: "¿Ha realizado alguien antes este Proceso o uno similar? ¿Cómo lo ha hecho?" Las lecciones aprendidas o los problemas que hayan resuelto otros nos ayudarán a ahorrar tiempo en la optimización de nuestro Proceso.

La Evaluación Comparativa o *Benchmarking* (debido a la mayor difusión del término en inglés, lo utilizaré a partir de ahora en lugar de su traducción al castellano) en el ámbito *Six Sigma* consiste en buscar "comparadores" o *benchmarks*, aquellos métodos, prácticas y procesos de trabajo similares a nuestro Proceso y que proporcionen los mejores resultados, con el propósito de transferir el conocimiento de los mismos a nuestro propio Proceso. El *benchmarking* implica aprender de lo que está haciendo el otro y adaptar sus propias practicas según lo aprendido, realizando los cambios necesarios. No se trata solamente de copiar una buena práctica de forma automática, sino que debe de efectuarse una adaptación a las circunstancias y características propias de nuestro Proceso.

Esa búsqueda y comparativa puede hacerse dentro de la empresa, comparando el mismo proceso en diferentes líneas de producción, o entre nuestra empresa y la competencia. Es una herramienta muy utilizada en general para saber posicionar un producto o un Proceso en el mercado frente a la competencia, pero en *Six Sigm* además adquiere una relevancia diferente al ser capaz de proponer la meta última a conseguir, independientemente de la competencia. Es la mejora de por sí.

El objetivo final es buscar en otros Procesos similares sus puntos fuertes y, combinándolos, buscar aquél Proceso que aúne en sí mismo "lo mejor de lo mejor" de cada uno de los demás. Ese será el modelo en el que debemos compararnos y nuestro ideal a conseguir.

Los tipos de *Benchmarking* que se pueden realizar son:

- Competitivo Directo
- Funcional
- Interno

4.3.2.- Concepto vs Proceso

El *Benchmarking* como concepto es un término sencillo y fácil de comprender, pero su verdadero potencial reside en su significado como proceso. La meta final del mismo es conseguir el máximo posible, la perfección, y continuar mejorando después de eso.

El *Benchmarking* como proceso significa la búsqueda e identificación de las mejores prácticas y la utilización de dicho conocimiento adquirido y adaptado para mejorar de forma continua nuestros productos, servicios y sistemas de manera que incrementemos nuestra capacidad hasta proporcionar a nuestro cliente interno una satisfacción completa.

El *Benchmarking*, a través de la búsqueda de mejores prácticas o el análisis de procesos análogos en compañías líderes en el sector ayuda al aprendizaje de nuevas metodologías y al conocimiento de las innovaciones y nuevas tecnologías que se aparezcan en la industria, sean de la competencia o no. Es un proceso continuo que requiere la comparación de nuestro Proceso con cada nuevo Proceso que se descubra o que utilice una empresa líder al implementar alguna mejora o modificación que aumente su capacidad.

El *Benchmarking* es un proceso que sirve para identificar, establecer y conseguir los más altos niveles de excelencia.

4.3.3.- Metodología del *Benchmarking*

Como puede verse en el diagrama inferior, cada uno de los tres tipos de Benchmarking aporta información de mejora en su ámbito. Nuestro objetivo es conseguir identificar aquellas mejoras que conjugan los tres ámbitos.

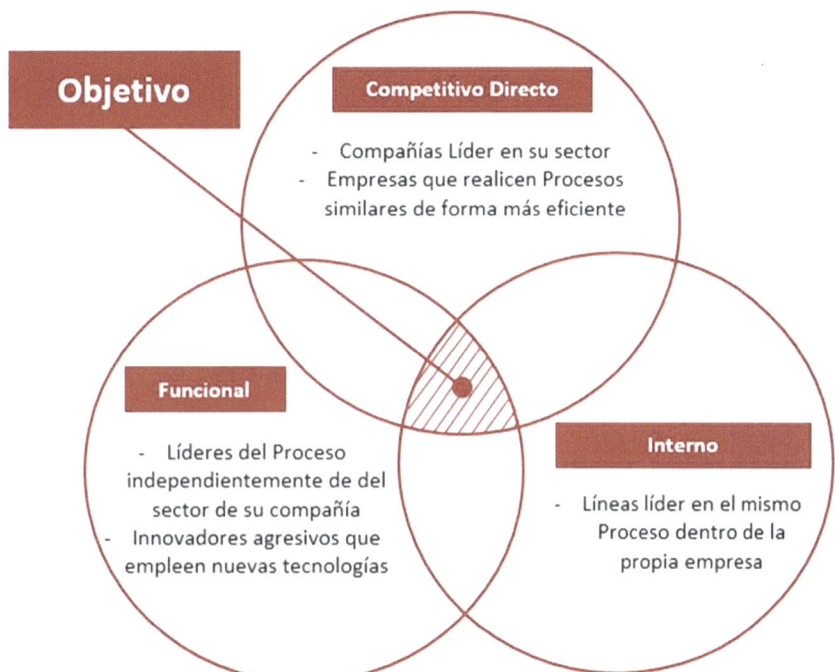

Tipo	Interno	Competitivo Directo	Funcional
Definición	Procesos similares dentro de la misma compañía, pero en diferentes líneas de producción, localizaciones, departamentos...	Competidores directos que vendan al mismo consumidor base	Empresas reconocidas como líderes en dicho Proceso independientemente de su área o industria
Ejemplos	Tiempo de resolución de quejas: - Departamento de Calidad - Departamento de Atención al Cliente - Servicio Post Venta	Lavadora Modelo X: - GE Appliances - Whirlpool - Siemens	Almacenaje: - Amazon Seguimiento de envíos: - Federal Express

Tipo	Interno	Competitivo Directo	Funcional
Ventajas	- Los datos son relativamente sencillos de conseguir - Beneficioso en compañías diversificadas	- Información relevante para los resultados del negocio - Comparativa de metodologías / tecnologías	- Alto potencial para nuevos descubrimientos - Desarrollo de redes profesionales - Proporciona los últimos *out of the box*
Inconvenientes	- Área limitada a nivel interno	- Dificultad en la obtención de datos - Problemas éticos - Actitudes antagonistas	- Dificultad de traslación al área propia del Proceso - Consumo de tiempo y recursos

El *Benchmarking* es:

- Un proceso continuo
- Un proceso de investigación que proporciona información valiosa
- Un proceso de aprendizaje de otros; una búsqueda de ideas pragmática
- Un proceso de trabajo intenso que requiere mucho tiempo y disciplina
- Una herramienta que proporciona información útil para virtualmente mejorar cualquier proceso

El *Benchmarking* NO es:

- Un proyecto que se realiza una vez y nada más.
- Un proceso de investigación que proporciona respuestas simples
- Copiar; imitar
- Fácil y sencillo
- Una palabra de moda, algo pasajero

Aunque en un principio pueda parecer simple, sólo lo es su definición. El *Benchmarking* requiere un trabajo disciplinado y en profundidad para conseguir resultados que realmente sean útiles en nuestro proceso. Por ello hay que evitar cometer los errores más comunes que se dan cuando el proceso no se realiza con la suficiente profundidad:

- No examinar Procesos similares dentro de la propia empresa
- Realizar visitas a otras líneas llevándose una "buena impresión" pero no datos concretos
- Realizar preguntas vagas con respuestas poco concretas
- Intentar abarcar demasiado y no obtener datos consistentes
- No enfocarse únicamente en el Proceso
- Estudiar a la competencia equivocada
- No hacer seguimiento de las acciones establecidas

4.3.4.- *Benchmarking Checklist*

Para evitar caer en errores y que la inversión de tiempo y recursos dedicada a un *Benchmarking* resulte productiva es conveniente realizar un *Checklist* con las tareas a desarrollar, de manera que no se nos olvide ninguna. Aquí se muestra un ejemplo en 6 pasos que puede servir de guía para adaptarlo después a cada proceso individual que se requiera:

1. Identificar el Proceso sobre el que realizar el *Benchmarking*
   - Seleccionar el Proceso e identificar defectos y oportunidades.
   - Medir la capacidad del Proceso actual y establecer un objetivo.
   - Identificar las partes del Proceso que son susceptibles de mejora.

2. Seleccionar el ámbito sobre el que realizar el *Benchmark*
   - Buscar y seleccionar Empresas externas que realicen el mismo Proceso.
   - Elaborar una lista de líderes en dicho Proceso.
   - Contactar con dichas empresas a través de contactos clave.

3. Preparar la visita
   - Investigar su organización y la posición relativa de la nuestra respecto a su Proceso.
   - Desarrollar un cuestionario detallado para obtener la información necesaria.
   - Decidir con el equipo qué información del propio Proceso se puede compartir y cuál debe mantenerse oculta.

4. Realizar la visita
   - Provocar la atmósfera propicia para maximizar resultados.
   - Perseguir de forma discreta la obtención de la información necesaria.
   - Concluir agradeciendo a la empresa la oportunidad y asegurando el contacto por si en el futuro resulta necesario volver.

5. Desarrollo del plan de acción:
   - Recopilar las observaciones del equipo y elaborar un "informe de visita".
   - Consolidar un listado de "buenas prácticas" que encajen con nuestras necesidades.

6. Retener y comunicar
   - Distribuir el "informe de visita" junto con las conclusiones obtenidas a las personas adecuadas.
   - Archivar la información junto con otros *Benchmarkings* para crear una base de datos históricos de los mismos.

4.3.5.- Otras fuentes de información

Además de las visitas a otras compañías y los consecuentes procesos de *Benchmarking*, existen muchas otras fuentes de información que pueden arrojar luz sobre las posibles áreas de mejora. Por ello no hay que restringirse a una sola fuente de información, sino buscar en todas aquellas que nos proporcionen información útil:

- Bibliotecas / Internet
- Bases de datos
- Publicaciones especializadas
- Asociaciones de profesionales relacionados con el Proceso

- Seminarios
- Expertos
- Universidades
- Proyectos de investigación
- Información recibida del cliente interno
- Encuestas

4.4.- Identificar fuentes de variabilidad

Ya conocemos la Capacidad de nuestro Proceso y el objetivo que queremos alcanzar. Ahora debemos identificar cuáles de las variables X de nuestro Proceso son las que debemos modificar, y de qué forma, para conseguir nuestro objetivo.

Para ello en esta fase del Proyecto deberemos identificar el listado de Xs significativas, estadísticamente hablando, basándonos en el análisis de los datos históricos que tenemos del Proceso. Normalmente encontraremos Xs que afecten a la Media de nuestro Proceso y Xs que afecten a su Desviación Estándar. Utilizaremos las primeras para situar nuestro Proceso en el resultado objetivo y las segundas para

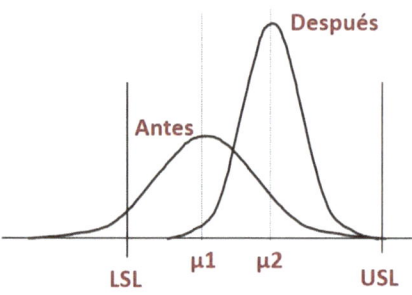

conseguir que los posibles resultados se mantengan dentro de los límites de especificación (LSL y USL) proporcionados por nuestro cliente interno

Para identificar dichas Xs existen multitud de herramientas. Aquí utilizaremos las siguientes:

- Mapa de Procesos
- FMEA
- Diagrama de Ishikawa o *Fishbone*
- Gráfico Pareto

Como se puede observar las dos primeras ya se utilizaron al principio de la fase *Measure*, por lo que no volveremos a explicarlas. Con la primera comprenderemos mejor el funcionamiento del Proceso y podremos enfocarnos mejor con nuestro objetivo. Con la segunda identificaremos y preveremos posibles fallos.

Las dos segundas también se mencionaron, pero ahora pasaremos a explicarlas con mayor profundidad.

4.4.1.- Diagrama de Ishikawa o *Fishbone*

Como se dijo en su momento este diagrama fue desarrollado para facilitar el análisis de problemas mediante la representación de la relación entre un efecto y todas sus causas o factores que originan dicho efecto.

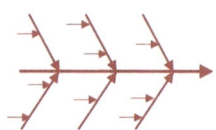

Consiste en una representación gráfica sencilla en la que puede verse de manera relacional una especie de espina central, que es una línea en el plano horizontal, representando el problema a analizar, que se escribe a su derecha.

Un Diagrama de Ishikawa es una herramienta de equipo; es importante seleccionar un equipo que esté familiarizado con el Proceso y los problemas que muestra (reales o potenciales). Una vez seleccionado el equipo los pasos a seguir son:

1. Dibujar en un panel el esqueleto del diagrama y definir el problema que servirá de base al diagrama.

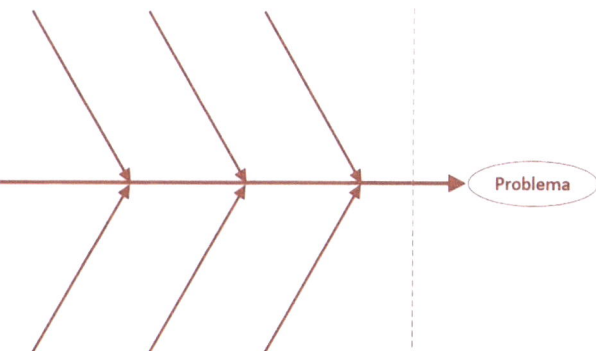

2. Etiquetar las ramas principales del diagrama con las categorías en las que se englobarán las posibles causas del problema. Si no hay unas categorías claras y definidas pueden utilizarse las "Cuatro Ps": Políticas, Procedimientos, Personas y Planta.

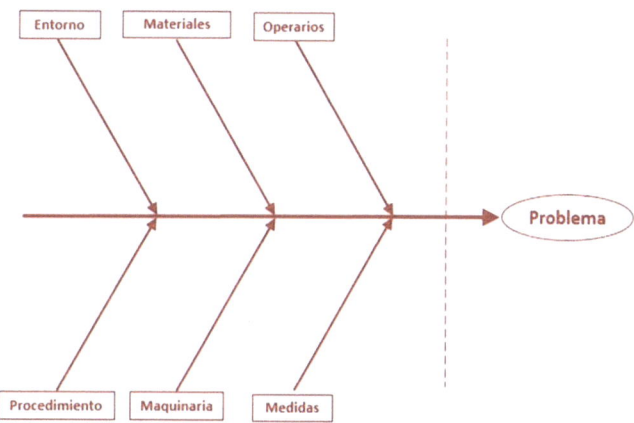

3. Realizar un *brainstorming* de posibles causas y asociarlas a cada una de las categorías. Hay que conseguir obtener el máximo número de causas posibles.

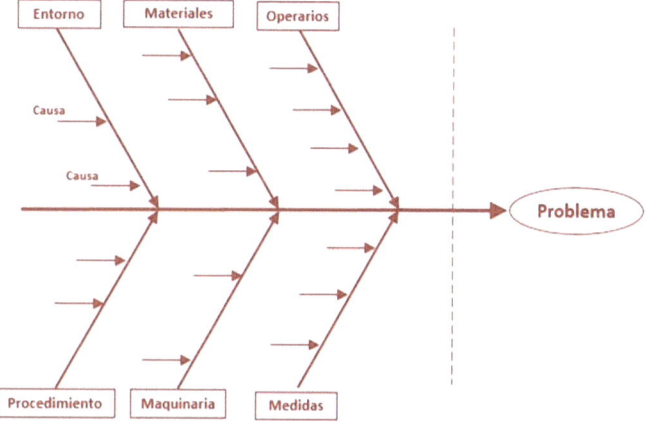

4. Para cada una de las causas preguntarnos "¿Por qué ocurre? ¿Cuál es la razón?". Aunque parezca extraño, hay que pensar como un niño cuando le pregunta a su padre "¿por qué?, ¿y eso por qué?, ¿y por qué es ese por qué?". El objetivo es encontrar la razón, o razones, que provocan originalmente cada causa.

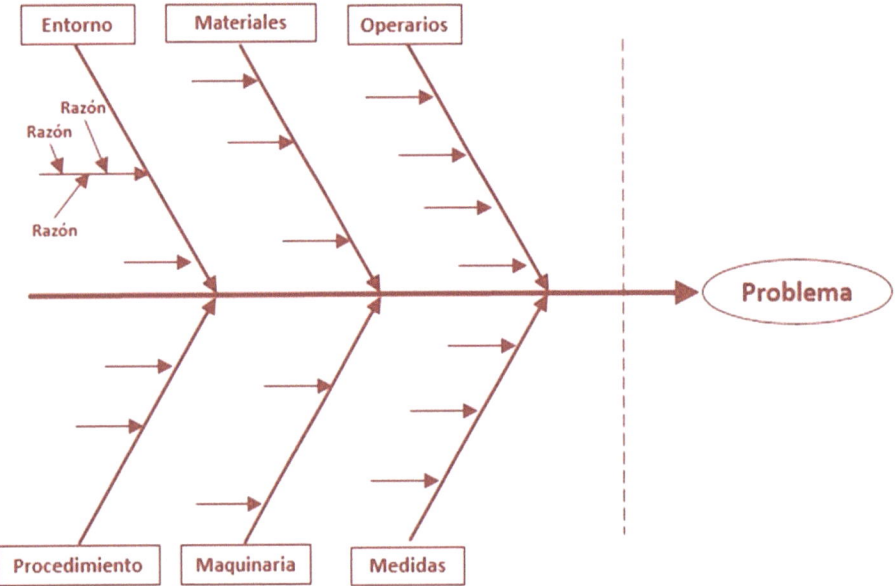

5. Una vez dibujado el diagrama completo se debe analizar el resultado. Se deben buscar primero aquellas causas que se repiten; después el equipo deberá seleccionar entre tres y cinco causas principales (aquellas que más se repitan, que tengan una incidencia más grave, etc…) y comprobar su causalidad con los datos numéricos del Proceso. De esa forma se podrá determinar la influencia de las mismas en los fallos del Proceso.

Aquí se muestra un ejemplo de lo que sería un diagrama completo:

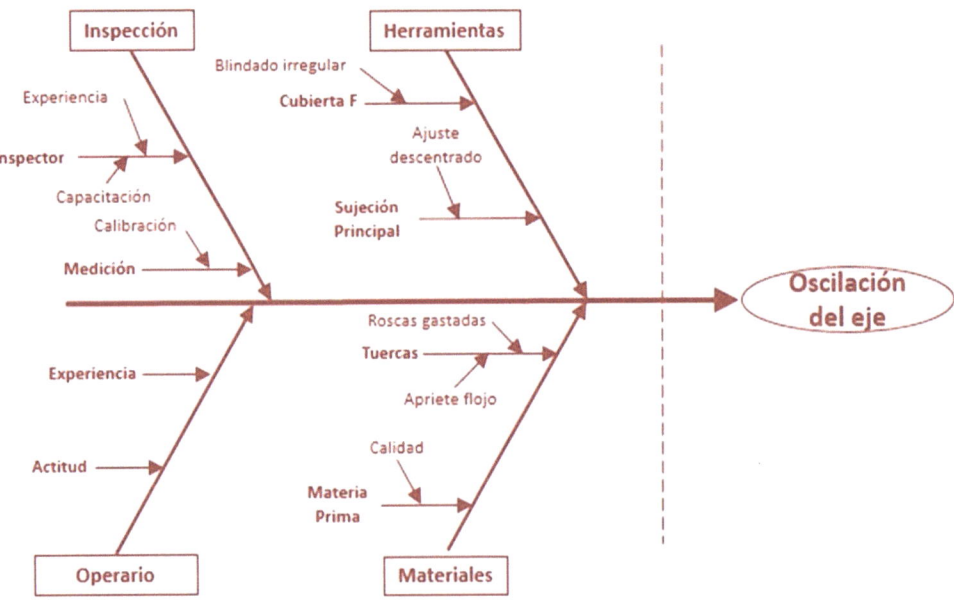

Este tipo de diagramas deben de ser lo más completo posible. Cuantas más "espinas" tenga el "pescado", más información proporcionará sobre el Proceso.

4.4.2.- Gráfico Pareto

El gráfico Pareto es la representación gráfica del Principio de Pareto, enunciado por primera vez por Vilfredo Pareto en 1906, cuando hizo la famosa observación de que el 20% de la población poseía el 80% de la propiedad en Italia.

Pareto estudió que la gente en su sociedad se dividía naturalmente entre los «pocos de mucho» y los «muchos de poco»; se establecían así dos grupos de proporciones 80-20 tales que el grupo minoritario, formado por un 20 % de población, ostentaba el 80 % de algo y el grupo mayoritario, formado por un 80 % de población, el 20 % de ese mismo algo. En concreto, Pareto estudió la propiedad de la tierra en Italia y lo que descubrió fue que el 20% de los propietarios poseían el 80% de las tierras, mientras que el restante 20% de los terrenos pertenecía al 80% de la población restante.

Este principio y la gráfica que lo muestra han sido de mucha utilidad desde entonces en muchas áreas, y una de ellas es el *Six Sigma*. En nuestro caso particular lo utilizaremos para conocer con qué frecuencia ocurren los diferentes problemas y el impacto que tienen en nuestro Proceso. De esa manera podremos priorizar cuáles de ellos hay que eliminar primero y el efecto del resto.

Pongamos un ejemplo. Analicemos los costes que nos causan los diferentes problemas en la producción de piezas por corte de láser:

Problema del proceso de corte por láser	Retoque de la pieza	Reparación de la pieza	Descarte de la pieza
Dibujo de la pieza	1.167 €	4.969 €	270.008 €
Flujo de gas en el cabezal	5.266 €	10.236 €	115.342 €
Aceite de protección en la plancha	- €	43 €	127.161 €
Dimensiones de las inserciones	25.869 €	23.683 €	53.047 €
Inspección por Rayos X	757 €	7.529 €	93.205 €
Espesor del material	1.958 €	16 €	91.379 €
Inspección visual	564 €	7.907 €	74.390 €
Fijación de la plancha	9.563 €	1.083 €	43.464 €
Variaciones de tensión eléctrica	2.126 €	1.095 €	46.422 €
Refrigeración del cabezal	2.450 €	5.891 €	28.366 €
TOTAL	**49.720 €**	**62.452 €**	**942.784 €**

Si analizamos los costes que nos producen los errores obtenemos lo siguiente:

	Coste	Porcentaje
Descarte	942.784 €	89,37%
Reparación	62.452 €	5,92%
Retoque	49.720 €	4,71%

TOTAL	**1.054.956 €**

Esto nos indica que donde tenemos que poner más énfasis es en solucionar aquellos problemas que generan coste de descarte de piezas, ya que nos causan el 89,37 % de los costes.

Analizando estos problemas y comparándolos con los costes totales tenemos lo siguiente:

Problema	Coste de descarte	Porcentaje (respecto del total)
Dibujo de la pieza	270.008 €	25,59%
Flujo de gas en el cabezal	115.342 €	10,93%
Aceite de protección en la plancha	127.161 €	12,05%
Dimensiones de agujeros	53.047 €	5,03%
Inspección por Rayos X	93.205 €	8,83%
Espesor del material	91.379 €	8,66%
Inspección visual	74.390 €	7,05%
Fijación de la plancha	43.464 €	4,12%
Variaciones de tensión eléctrica	46.422 €	4,40%
Refrigeración del cabezal	28.366 €	2,69%

Lo que nos viene a decir que los costes de descarte de los tres primeros problemas nos causan el 48,58% de los costes totales del Proceso. Si además le sumamos los costes de retoque y reparación que nos causan estos tres problemas tenemos un total del 50,64% del total.

La conclusión entonces es que sólo con enfocarnos en solucionar 3 de los 10 problemas identificados en la máquina reduciremos los costes producidos por errores en más de la mitad.

4.4.3.- Análisis del Mapa de Procesos

El propósito del análisis de un Mapa de Procesos es el de poder observar nuestro Proceso y su funcionamiento desde la perspectiva del cliente interno; de esa manera pueden descubrirse los problemas que tiene y las posibles oportunidades de mejora.

Un análisis de un Mapa de Procesos puede hacerse siguiendo tres sencillos pasos:

- El momento de la Verdad: El primer paso de todos es obtener las sensaciones del cliente, su visión del Proceso. No importa cómo nosotros "veamos" el Proceso, la visión que importa es la del cliente, y hay que ponerse en su lugar para analizar el Proceso y conocer realmente el objetivo que necesitamos alcanzar.
- Naturaleza del trabajo: En este paso analizamos el valor del Proceso, llegando a comprender si las tareas de un Proceso proporcionan o no un valor añadido para el cliente o para la cultura propia de la compañía.
- Flujo de trabajo: El tercer paso define el trabajo a lo largo de una línea temporal.

<u>Naturaleza del trabajo / análisis de valor:</u> A la hora de analizar lo valioso que puede resultar un proceso o determinar el valor añadido de alguno de sus pasos sólo hay que preguntarse si el cliente estaría dispuesto a pagar por ello. Hay que considerar el valor añadido que pueda aportar cada una de las etapas de un Proceso en las condiciones actuales. Por ejemplo, ¿Cómo cliente pagarías el diseño e implantación de un sistema de detección de errores en un proceso que actualmente tenga un nivel de calidad *Six Sigma*? ¿Dedicarías dinero y esfuerzos a conseguir 3 errores por millón de oportunidades en lugar de los 4,5 que tienes actualmente?

Existen tres opciones de categorización a la hora de clasificar el valor añadido de cada una de las tareas de un Proceso:

Tareas con Valor Añadido

Tareas consideradas esenciales ya que modifican físicamente el producto/servicio final. El cliente quiere pagar por ellas y deben ser las primeras en realizarse

Tareas sin Valor Añadido

Tareas consideradas no esenciales para producir/entregar el producto/servicio requerido por el cliente, el cual no pagará por dichas tareas.

Tareas consideradas no esenciales para el cliente, pero que optimizan o mejoran las Tareas de Valor Añadido

Tareas potenciadoras del Valor Añadido

Entre los tipos de tareas que no proporcionan valor añadido están las siguientes:

- Fallos Internos: Tareas relacionadas con la corrección de errores internos producidos en fases anteriores del Proceso.
- Fallos Externos: Tareas relacionadas con la corrección de errores en el producto final y que el cliente ha encontrado, devolviendo el producto.
- Control/Inspección: Tareas de inspección del proceso del estilo de "inspección del inspector que revisa al inspector"
- Retrasos: tareas en las que el Proceso se ralentiza o detiene hasta poder seguir adelante. Por ejemplo, un cuello de botella.
- Transporte: Tareas que implican el desplazamiento físico del producto intermedio.

Flujo de trabajo: Para analizar el flujo de trabajo hay que dividir el proceso en pasos cada vez más simples hasta llegar a las tareas básicas y analizar entonces el recorrido de los componentes a través del Proceso. Es parecido a realizar un diagrama de flujo, pero al introducir el componente temporal enseguida se identifican aquellas tareas que no aportan valor añadido al Proceso:

Tiempo del Proceso + Retrasos = Ciclo de Producción

- Tiempo del Proceso: Contempla todo el tiempo requerido para hacer algo que no sean retrasos. Eso incluye el tiempo que se tarda en las tareas de valor añadido, fallos internos, fallos externos, control, inspección, preparación y traslado.
- Retraso: Tiempo total que está el material esperando a que sea utilizado en una tarea.
- Ciclo de Producción: Tiempo total que se tarda desde que el cliente emite la necesidad hasta que recibe el producto o servicio.

Al observar el flujo de trabajo observaremos que existen etapas del Proceso en las que el trabajo se ralentiza o incluso llega a detenerse. A esas etapas se las denomina Desconexiones o Interrupciones. El equipo debe de ser capaz de identificar dichas desconexiones para eliminarlas en la medida de lo posible. Las desconexiones pueden ser:

- Redundancias: Duplicación de esfuerzos para una misma tarea. Por ejemplo, una doble validación o una doble autorización innecesaria.
- Requerimientos implícitos o poco claros: Definiciones operacionales que o bien no existen o no están perfectamente definidas para evitar malinterpretaciones. Ello hace que la tarea no pueda estar optimizada en términos de tiempo.
- Metas en conflicto: El objetivo de un grupo impide los objetivos de otro grupo. Por ejemplo, si un grupo se enfoca en la velocidad del proceso y otro en la reducción de defectos es posible que ninguno de los dos consiga su objetivo.
- Problemas repetitivos: Ocurren cuando una etapa con un problema se repite varias veces durante el Proceso.
- Transferencias difusas: No existe comprobación de que el Proceso continúe sin retrasos. Por ejemplo, si el departamento A envía algo al departamento B, pero no hay forma de saber si ha sido recibido.

El tiempo de un Ciclo de Producción es el tiempo total desde el momento en el que el cliente solicita un bien o servicio hasta que el bien o servicio se entrega al cliente. Se trata de la suma del tiempo de Proceso en sí, los traslados, las inspecciones, los retrasos y el tiempo de almacenamiento. El análisis del tiempo de un Ciclo de Producción a menudo proporciona una visión reveladora. La gente rara vez piensa en el trabajo en este contexto. Cuando un Equipo de Mejora presenta los datos del tiempo es probable que el área responsable del Proceso se ponga a la defensiva. Por ejemplo, cuando un gerente en una compañía de seguros comerciales se enteró que estaba tardando 100 días, en promedio para procesar la línea comercial de un nuevo negocio se resistió al análisis. Después de una acalorada "discusión", sugirió que el período de la muestra no reflejaba las condiciones normales. Recomendó mirar otro período de tiempo para obtener un "número mejor." El equipo lo hizo. ¡La nueva muestra dio un promedio de 103 días!

La construcción de una línea de tiempo ayuda a identificar las áreas de mejora potencial ilustrando el tiempo requerido para cada paso de un proceso.

Recordatorio: Los datos de tiempo pueden no estar disponibles para todos los pasos de un Proceso. Algunas fuentes posibles incluyen: Tiempo, el horario, los registros de calendario de la actividad, agendas, sms, estudios e informes, etc..

Vamos a realizar un ejemplo del proceso de una solicitud de crédito para poder analizarlo. Cuando se realice la construcción de nuestro proceso, si los datos no están disponibles habrá que realizar una estimación y luego realizar un seguimiento para determinar el valor real.

Nota: Utilizar un mínimo de 20 valores de datos para determinar un valor medio. En el cálculo de los promedios, registrar también el mayor y el menor tiempo para entender la consistencia de los datos.

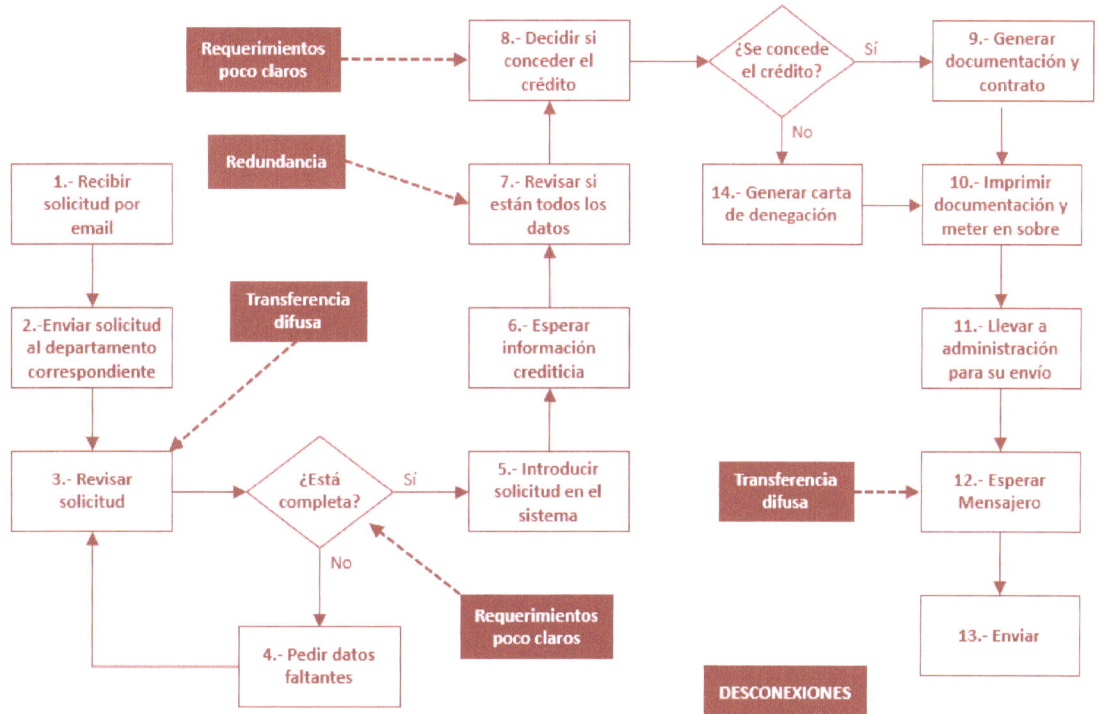

Al relacionar el Análisis de Valor con el Ciclo de Producción se obtiene un atractivo caso de estudio para el cambio. Al mostrar esta información en un mapa de Procesos se detectan con mayor facilidad las áreas de mejora y ayuda a construir una base numérica para la Cuantificación de la Oportunidad de Mejora:

Pasos del Proceso	1	2	3	4	5	6	7	8	9	10	11	12	13	14	Total	% Total
Tiempo medio (en min.)	120	120	3	180	7	120	5	10	15	90	15	120	5	8	818	100%
Tareas																
Con Valor Añadido	X				X			X	X				X	X	165	20%
Sin Valor Añadido															-	0%
Fallo Interno				X											180	22%
Fallo Externo															-	0%
Control / Inspección			X				X								8	1%
Retraso		X				X				X		X			450	55%
Preparación															-	0%
Traslado											X				15	2%
TOTAL															**818**	**100%**

Consejos:

- No atascarse decidiendo si un paso añade o no valor añadido. Dejar al equipo argumentar y decidir con 2/3 de los votos
- Forzar al equipo a que analice el proceso "como es realmente"
- Pensar en el Mapa de Procesos desde el punto de vista del producto o servicio

La proporción para un proceso medio antes de optimizar es del 20% de valor añadido y 80% sin valor añadido.

Una vez realizada la Matriz anterior hay que utilizarla para direccionar los esfuerzos de mejora. Para ello hay que interpretarla a través de las siguientes preguntas:

- ¿Qué pasos emplean una mayor cantidad de tiempo? ¿Son pasos de valor añadido? Si no es así, ¿pueden eliminarse?
- ¿Qué pasos sin valor añadido predominan en el Proceso? ¿Cuánto tiempo consumen? ¿Pueden reducirse o eliminarse?
- ¿Qué cantidad de tiempo del Proceso proviene de pasos con Valor Añadido? ¿Proporcionaría algún valor eliminar alguno de esos pasos, si fuera posible? Si la respuesta es positiva, buscar la forma de convencer al resto del equipo de eliminar los pasos sin que ello cause problemas en el Proceso

El propósito del Análisis del Mapa de Procesos es:

- Ver nuestro proceso y sus resultados desde la perspectiva del cliente.
- Identificar los problemas y oportunidades actuales del proceso.
- Crear un sentimiento compartido de urgencia de mejora - identificar claramente y documentar las actividades de valor añadido sin él, y medir de flujo de procesos y las características del Proceso.

Hay tres momentos clave durante el análisis del mapa de procesos.

1. El primero, el momento de la verdad, asegura que estamos "Satisfaciendo Completamente las Necesidades del Cliente" utilizando una perspectiva de la mejora del Proceso enfocada en el Cliente. Un momento de la verdad es cualquier interacción entre el Cliente y el Proceso (en persona, por teléfono, email...) Es una oportunidad para proporcionar al cliente una gran experiencia y hacerle pensar positivamente respecto a las potenciales mejoras del Proceso.
2. El segundo, la naturaleza del trabajo, tiene que ver con el análisis de valor: la comprensión de si el trabajo realizado en el Proceso es o no valorado por el cliente o por la filosofía interna de la Compañía.
3. El tercero, el flujo de trabajo, caracteriza el trabajo a lo largo del tiempo.

Los dos últimos momentos se centran en el aspecto "provechoso" de cualquier Compañía.

4.4.4.- Prueba de Hipótesis

Para mejorar un Proceso debemos identificar aquellos factores que impactan en su Media y su Desviación Estándar. Una vez identificados dichos factores, y hechos los ajustes de optimización, deberemos validar si su implementación supone una mejora en el Proceso; pero, en algunos casos, no podemos discernir ni gráfica ni estadísticamente si realmente existirá una mejora estadísticamente significativa entre el Proceso anterior y el optimizado. En estos casos la decisión será subjetiva y, por ello, elaboraremos una Prueba de Hipótesis.

Una Prueba de Hipótesis es una prueba estadística que se utiliza para determinar si existe suficiente evidencia en una muestra de datos para inferir que cierta condición es válida para toda la población. La prueba de hipótesis examina dos hipótesis opuestas sobre una población: la hipótesis nula y la hipótesis alternativa. La hipótesis nula es el enunciado que se probará. Por lo general, la hipótesis nula es un enunciado de que "no hay efecto" o "no hay diferencia". La hipótesis alternativa es el enunciado que se desea poder concluir que es verdadero.

Usando como base los datos de la muestra, la prueba determina si se debe rechazar la hipótesis nula. Para tomar la decisión se utiliza un valor **p**. Si el valor p es menor que o igual al nivel de significancia, que es un punto de corte que definiremos, entonces se puede rechazar la hipótesis nula.

Un error común de percepción es que las pruebas estadísticas de hipótesis están diseñadas para seleccionar la más probable de dos hipótesis. En realidad, una prueba mantendrá la validez de la hipótesis nula hasta que haya suficiente evidencia (datos) en favor de la hipótesis alternativa.

Protocolo: Las hipótesis se utilizan para describir las dos suposiciones. Deben definirse claramente desde un principio y serán siempre afirmaciones sobre la población en estudio. La Hipótesis Nula, **Ho**, es una declaración acerca de los parámetros de la población. La Hipótesis Alternativa, **Ha**, es la negación o complemento de la hipótesis nula. Existen análisis estadísticos que utilizaremos para demostrar la evidencia estadística a favor o en contra de las hipótesis.

Por ejemplo:

- Proponer la Hipótesis Nula (H_0) = La altura de los ciudadanos del país A es igual o superior a la altura de los ciudadanos del país B ($\mu_A \geq \mu_B$)
- Proponer la Hipótesis Alternativa (H_a) = La altura de los ciudadanos del país A es inferior a la altura de los ciudadanos del país B ($\mu_A < \mu_B$)
- Probar la Hipótesis Alternativa con un análisis estadístico
- Basándose en el resultado de la prueba eliminar o no la Hipótesis Nula H_0

Naturaleza de las hipótesis: Nótese que no estamos probando si la hipótesis es verdadera o falsa. Vamos a rechazar o no la Hipótesis Nula en base a la evidencia de nuestras muestras. El no poder rechazar la Hipótesis Nula implica que los datos no proporcionan evidencia suficiente para concluir que existe una diferencia. Por otro lado, el rechazo de la Hipótesis Nula, implica que los datos de la muestra proporcionan evidencia suficiente para afirmar que existe una diferencia.

- Hipótesis Nula (H_0):
  - Normalmente describe un *Status Quo.*
  - Es la que se asume excepto si se muestra lo contrario.
  - Es la que se desecha o acepta basándonos en la evidencia.
  - En *Minitab* se aplica utilizando los símbolos =, $\geq$ o $\leq$
- Hipótesis Alternativa (H_a):
  - Normalmente describe una diferencia.
  - En *Minitab* se aplica utilizando los símbolos $\neq$, < o >

<u>Evaluación del error en la Decisión:</u> Dado que partimos de una decisión subjetiva, vamos a estudiar un ejemplo simple que nos ilustre sobre las posibles consecuencias del error. Para ello utilizaremos el sistema de justicia de USA. Allí se asume la inocencia de una persona hasta que se demuestre lo contrario. Esa sería nuestra Hipótesis Nula. Se requieren pruebas firmes que demuestren "más allá de la duda razonable" la culpabilidad de una persona para poder condenarla. Eso constituiría el rechazo de la Hipótesis Nula y la aceptación de la Hipótesis Alternativa. Es decir, tendríamos pruebas suficientes para determinar que existe una diferencia.

- Hipótesis Nula (H_0): El acusado es NO culpable.
- Hipótesis Alternativa (H_a): El acusado es culpable.

¿Cuáles serían los posibles resultados en un juicio? Habría cuatro posibilidades que determinarían si el veredicto es una decisión correcta o es un error. Los cuadros en rojo corresponden a las decisiones correctas:

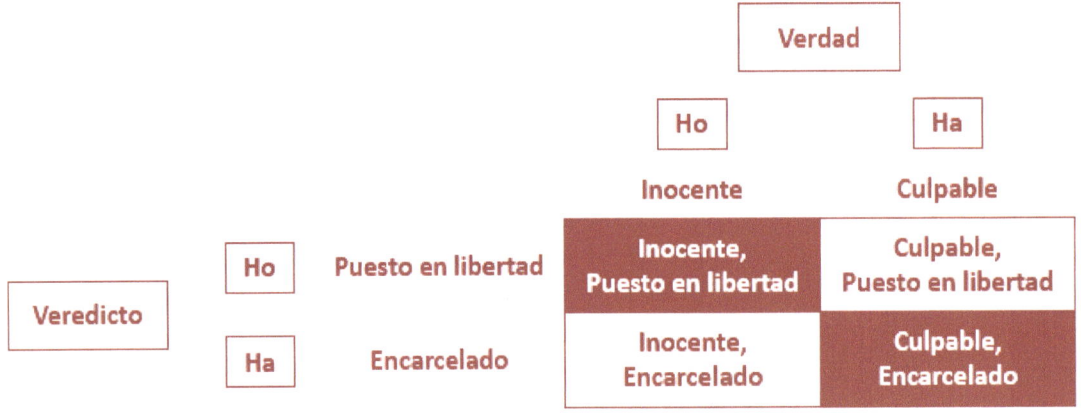

La tabla anterior se puede utilizar de forma ilustrativa para demostrar los errores de Tipo I y II. Cualquiera que sea nuestra decisión, no sabremos la verdad con un 100% de certeza.

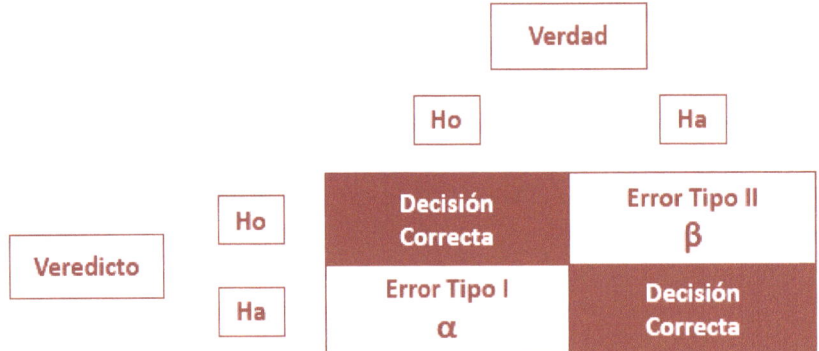

- Error Tipo I: Aceptar H_a cuando H_0 es la verdad
    - El símbolo alfa indica la probabilidad de cometer un error de Tipo I.
    - El símbolo alfa se denomina Nivel de Significancia. Es una práctica común limitar la posibilidad de cometer un error de Tipo I mediante el establecimiento de un valor máximo de α=0,05. En otras palabras, queremos tener al menos el 95% (=1-α) de seguridad de que aceptaremos H_0.

- Error Tipo II: Aceptar H_0 cuando H_a es la verdad.
  - La versión beta símbolo denota la probabilidad de cometer un error de Tipo II. Por lo general estableceremos β=0,1. La posibilidad de cometer un error Tipo II, β depende de una y varias propiedades de la muestra (tamaño, centrado, desviación estándar).

Si asumimos los valores máximos de α=0,05 y β=0,10 para el sistema legal, entonces podríamos tolerar un mayor riesgo de puesta en libertad a una persona culpable (error Tipo II) que encarcelar a una persona inocente (error Tipo I).

Valor p: Como ya hemos dicho, α es la máxima probabilidad aceptable de estar equivocados si se elige la Hipótesis Alternativa. El valor *p* es la probabilidad de estar equivocados si elegimos la Hipótesis Alternativa. A menos que ocurran circunstancias excepcionales ,se define un valor de α=0,05. Por ello, cualquier valor de *p* inferior a 0,05 significará que rechazaremos la Hipótesis Nula.

Ejemplo: La Prueba de Hipótesis tiene aún mucho más que profundizar, pero como el propósito de este libro es únicamente el de dar una introducción, nos quedaremos aquí y expondremos un ejemplo ilustrativo que ayuda a la comprensión de lo que hemos explicado. Digamos que el responsable de una biblioteca dice que el promedio diario de préstamos de libros es de 350. Para confirmar o no el supuesto se controla la cantidad de préstamos realizados durante un periodo de 30 días.

Día	1	2	3	4	5	6	7	8	9	10	11	12	13	14	15
Préstamos	356	427	387	510	288	290	320	350	403	329	305	413	391	380	382
Día	16	17	18	19	20	21	22	23	24	25	26	27	28	29	30
Préstamos	389	405	293	276	417	429	376	328	411	397	365	405	369	429	364

- Paso 1: Seleccionamos la Hipótesis Nula y la Hipótesis Alternativa

$$H_0: \mu = 350$$

$$H_a: \mu \neq 350$$

- Paso 2: Establecemos el Nivel de Confianza o valor α=0,05
- Paso 3: Calculamos la Media y Desviación Estándar de la muestra de los datos recogidos:

$$\mu = 372,8$$

$$\sigma = 52,41$$

- Paso 4: Formulamos la regla de decisión teniendo en cuenta que esta es una prueba de dos extremos. La mitad de 0.05, es decir 0.025, está en cada extremo. El área en la que no se rechaza H_0 esta entre los dos extremos, es por consiguiente 0.95. El valor crítico para 0.05 da un valor de Zc = 1.96 (Valor hallado con *Minitab*). Por consiguiente, la regla de decisión es rechazar la Hipótesis Nula y aceptar la Hipótesis Alternativa, si el valor Z calculado no queda en la región comprendida entre -1.96 y +1.96. En caso contrario, si

Z queda entre -1.96 y +1.96, no se rechaza la Hipótesis Nula. Utilizando de nuevo *Minitab* obtenemos lo siguiente:

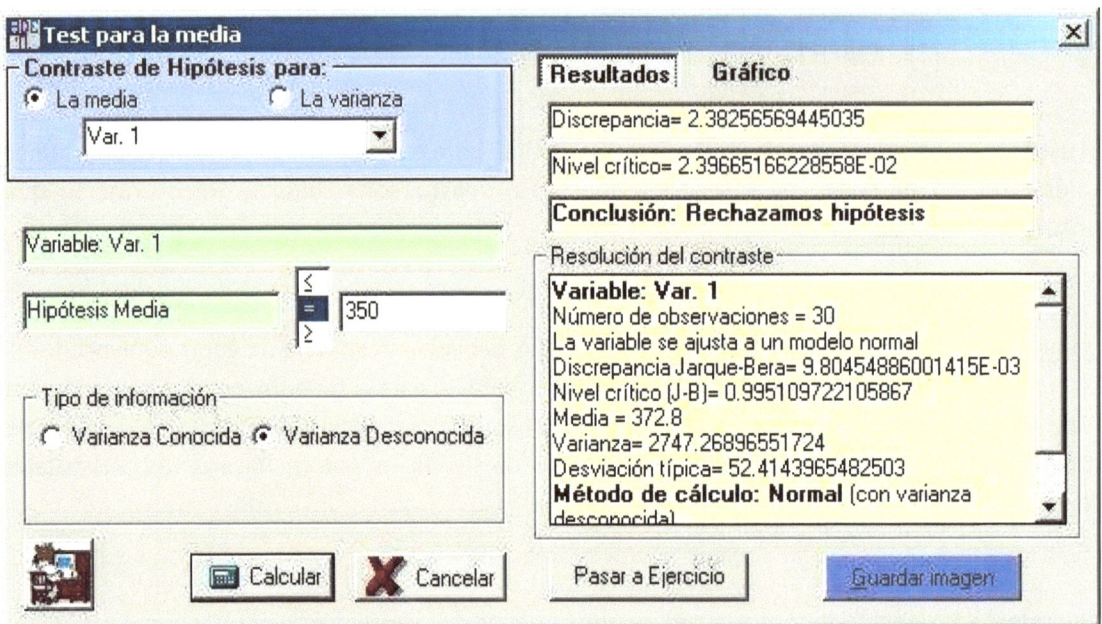

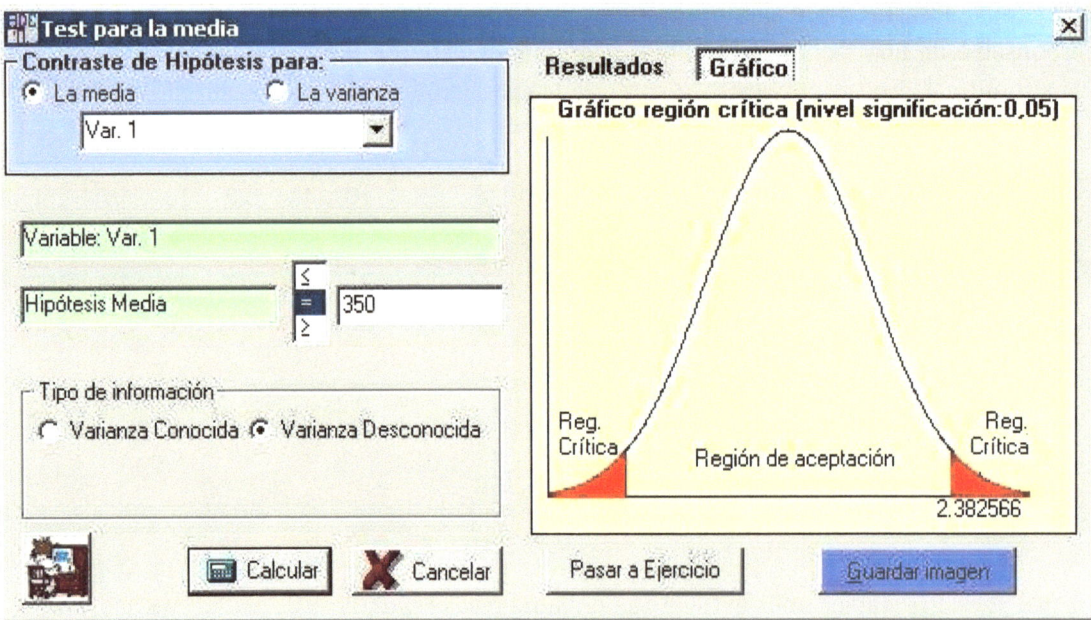

- Conclusión: Dado que el valor Z es 2.38, superior a 1.96, se rechaza la Hipótesis Nula y se acepta la Hipótesis Alterna. Como hay un Nivel de Confianza de 0.05 la prueba resultó ser significativa, por lo que se puede establecer que la media de préstamos diaria NO es de 350 libros

Supongo que la gran mayoría se habrá perdido en el paso 4. Esto es porque dentro de la Prueba de Hipótesis existen multitud de análisis diferentes con los que estudiar los datos dependiendo de la forma de estos, amén del uso de *Minitab* para poder analizarlos. Solo a modo de resumen muestro una tabla con las diferentes posibilidades de análisis:

- Distribución Normal:
  - Tests de Varianza:
    - X^2: Compara una varianza con las de una población conocida.
    - F–test: Compara dos varianzas.
    - Test de Barlett: Compara dos o más varianzas.
  - Tests de Media:
    - t-Test 1 muestra: Se utiliza si la media de la muestra es igual a una media u objetivo conocidos.
    - t-Test 2 muestras: Se utiliza para determinar si las medias de dos muestras son iguales.
    - ANOVA Modelo I: Se utiliza para determinar si las medias de dos o más muestras son iguales.
    - ANOVA Modelo II: Se utiliza para determinar si las medias clasificadas por dos categorías son iguales.
    - Correlación: Prueba la relación lineal entre dos variables.
    - Regresión lineal: Define la relación lineal entre una variable independiente y otra dependiente.
- Distribución No Normal:
  - Tests de Varianza:
    - Prueba de Levene: Es una prueba estadística inferencial utilizada para evaluar la igualdad de las varianzas para una variable calculada para dos o más grupos.
  - Tests de Media:
    - Prueba de la Mediana de Mood: es una prueba no paramétrica que podemos considerar un caso especial de la prueba de chi-cuadrado, pues se basa en esta última. Su objetivo es comparar las medianas de dos muestras y determinar si pertenecen a la misma población o no.
    - Correlación: Prueba la relación lineal entre dos variables.

4.5.- Resumen

Al final de la fase *ANALYZE* deberemos haber sido capaces de:

- Establecer la capacidad del Proceso
- Establecer el objetivo de mejora
- Estudiar la estabilidad, forma, centrado y dispersión del Proceso
- Determinar las Xs que tiene un impacto vital en Y
- Realizar recomendaciones para la fase de *IMPROVE*

Capítulo 5.- *IMPROVE*

5.1.- Introducción

Ya tenemos totalmente modelizado nuestro Proceso y sabemos lo que es capaz de hacer. Además, hemos establecido el resultado que desea nuestro cliente y hemos comprobado que podemos conseguirlo dentro de unos márgenes de tolerancia adecuados. Por último, hemos detectado qué X's son aquellas que tienen mayor impacto en Y.

Ahora es el momento de estudiar cómo el comportamiento de dichas X's impactan en Y, lo que nos dará un modelo matemático más ajustado de nuestro Proceso y nos permitirá hacer los ajustes necesarios en el mismo para conseguir nuestro objetivo. Para ello nos apoyaremos en el DoE (del inglés *Design of Experiments*, Diseño de Experimentos) que nos servirá para comprender la relación entre ambas variables y nos proporcionará una función de transferencia viable.

Los objetivos a conseguir en esta parte del Proyecto son:

- <u>Desarrollar una propuesta de mejora</u>: Hay que plantear una estrategia de mejora, comprobar que funciona de forma experimental y cuantificar los beneficios (sobre todo económicos) que nos podría reportar.
- <u>Confirmar la propuesta de mejora</u>: Hay que comprobar no sólo experimentalmente sino empíricamente que la solución propuesta alcanza o incluso excede los objetivos solicitados por el Cliente. Ello suele hacerse a través de pruebas piloto o lotes de prueba en producción.
- <u>Identificar recursos necesarios</u>: Una vez conocida la dirección en la que debemos avanzar para la mejora del proceso, hay que calcular los recursos necesarios para implementar los cambios requeridos al Proceso de forma permanente.
- <u>Planificar y ejecutar</u>: Cuando ya estemos convencidos al 100% de la necesidad de la mejora y la viabilidad de la implantación de la solución, habrá que planificar todas las etapas de dicha implantación, incluyendo formación, soporte, cambios de tecnología y documentación del cambio.

5.1.1.- La Estrategia de mejora

La estrategia de mejora que pensemos deberá ajustarse a un marco en el que se permita desarrollar la solución de forma sistemática y eficiente. Ello dependerá de varios factores. La naturaleza de la mejora que estemos buscando será determinante; una mejora en un software tiene una estrategia muy diferente al reemplazo de una máquina en un proceso de producción, por ejemplo. Otro factor será la disponibilidad (o la posibilidad de disponer) de datos que respalden nuestra estrategia de mejora. Si no hay forma de obtener valores medibles que confirmen la optimización, no estaremos seguros de que la mejora se produzca realmente. La recopilación de datos sobre el Proceso y las posibles soluciones alternativas son factores clave para poder tomar una decisión argumentada sobre la estrategia de mejora del Proceso.

Normalmente una solución nunca es fácil o ya se habría aplicado con anterioridad, por lo que es muy probable que tengamos que combinar al mismo tiempo herramientas estadísticas y de calidad para estar seguros de alcanzar los objetivos requeridos.

Una buena estrategia de mejora debería incluir:

- Optimización de funcionamiento del Proceso desarrollando un modelo matemático a través del DoE o un Análisis de Regresión completo (que veremos más adelante).
- Desarrollo y prueba de soluciones alternativas a través de experimentos que nos ayuden a encontrar la solución que encaja mejor con nuestros objetivos de mejora.

El objetivo final es conseguir proponer una solución que actúe según la relación Y=f(X)

Una vez conseguido esto podremos:

- Relacionar las X's más importantes con Y.
- Predecir el efecto de Y en función de los cambios aplicados a las X's.
- Fijar los valores precisos a los que tenemos que ajustar las X's .
- Identificar y planificar los cambios que deberemos hacer en las X's basándonos en los datos.

5.1.2.- Caracterización de las X's

A la hora de caracterizar las variables críticas de nuestro proceso no basta sólo con identificar cuáles son (cosa que ya hicimos en la fase *ANALYZE*) sino que deberemos agruparlas en aquellas que son Parámetros Operativos y las que son Elementos Críticos.

Llamamos Parámetros Operativos a aquellas variables que son medibles. Estudiar los valores de las X's nos permitirá analizar diferentes niveles de valores y observar el efecto que causan en Y. Así podremos al mismo tiempo conocer todavía mejor nuestro Proceso y saber qué rango de valores operativos podemos aceptar, de manera que Y se mantenga dentro de los límites de tolerancia alternativos. En este punto me permito recordar que dichas X's pueden ser tanto valores continuos como discretos, pero ya hablaremos de ello más adelante.

Cuando hablamos de Elementos Críticos nos referimos a la posible existencia de X's que, aunque no sea posible medirlas numéricamente, tengan efecto en el funcionamiento del Proceso. Dentro de este grupo podríamos englobar, por ejemplo, flujos de trabajo alternativos, estandarización de funciones, decisiones MoB (*Make or Buy*), etc.

Tanto unas como otras tienen influencia directa en Y, pero la metodología de análisis y estudio es muy diferente, de ahí que antes de comenzar a desarrollar experimentos y pruebas debamos hacer esta diferenciación. Para los Parámetros Operativos la estrategia de mejora pasa por desarrollar un modelo matemático en el que no sólo se estudie su comportamiento sino la interacción entre ellas y determinar aquella combinación de X's (o configuración de las mismas) que nos ayude a obtener el valor Y deseado. Si trabajamos con Elementos Críticos la estrategia deberá estar basada en un solo factor, bien sea la modificación del flujo de trabajo, la estandarización del Proceso o el desarrollo de una solución alternativa.

En el primer caso utilizaremos herramientas como Pruebas de Hipótesis, Regresiones lineales o *DoE*. Para el segundo utilizaremos *Fishbones* o Mapas de Procesos.

5.1.3.- Selección de herramientas de mejora

La metodología *Six Sigma* proporciona una amplia variedad de herramientas de mejora, y no todas son necesarias en un Proyecto. Dependiendo de la sofisticación del problema deberemos utilizar herramientas más simples o más complejas.

En una gran cantidad de proyectos podremos obtener una solución aceptable utilizando herramientas básicas que ya hemos explicado en las fases *MEASURE* y *ANALYZE*. Si lo que necesitamos es una mayor precisión utilizaremos entonces herramientas intermedias o avanzadas. Dado que la mayoría de las herramientas básicas ya las hemos utilizado, en este capítulo nos centraremos en las intermedias para, en el siguiente, introducir el uso de las avanzadas.

Hay que decir que la mayoría de herramientas de *Six Sigma* no tienen por qué tener una aplicación exclusiva en una única fase del Proyecto. El explicar algunas u otras en diferentes fases solamente obedece a la mayor idoneidad de uso en cada momento, pero perfectamente podremos utilizar herramientas que explicaremos en la fase *CONTROL* para tareas de la fase *DEFINE.*

Esta es la clasificación de algunas de las herramientas *Six Sigma* según su complejidad:

- Básicas:
    - *Fishbone*
    - Regresión Lineal
    - Pruebas de Hipótesis (z-test, t-test, ANOVA...)
    - Mapa de Procesos
    - Kaizen
    - Etc.
- Intermedias:
    - DoE (Normal o fraccional)
    - Regresión multivariable
- Avanzadas:
    - Metodología de Superficie de Respuesta (RSM)
    - Metodología de Taguchi

5.2.- Visualizar las causas potenciales. Descubrir la relación entre variables

Es obvio que antes de implementar cualquier mejora en un Proceso hay que comprobar que funciona, y no sólo eso, sino saber el por qué, la forma en que dicha modificación alterará el Proceso. Ello se puede realizar de dos formas. La primera es probándolo directamente y ver qué ocurre. Esta posibilidad en algunas ocasiones se puede realizar de manera sencilla, pero si hablamos de una línea de montaje de aviones (por poner un ejemplo) el dinero y tiempo que implicaría hacen que no sea una opción viable. En los casos en los que no nos sea viable el probar la solución directamente sobre el proceso utilizaremos la segunda forma: diseñar un experimento que, de una forma más barata, rápida y eficiente, nos dé la respuesta que estamos buscando. Dicho experimento posiblemente sea diferente al Proceso como tal, pero sus resultados serán extrapolables a nuestro Proceso, proporcionándonos una información que, de haber utilizado el Proceso como tal, nos habría llevado mucho tiempo y creado un gasto considerable.

Dichos experimentos nos van a ayudar en los pasos 7 y 8 de nuestro proceso, ya que su propósito será doble:

- Paso 7: Visualizar las causas potenciales:
  - DoE → Lista de X's críticas
- Paso 8: Descubrir relación entre variables
  - Descubrir la función Y=f(X)
  - Determinar los valores óptimos de X
  - Realizar lotes de confirmación

NOTA: Una vez seleccionadas las X's críticas con las que realizar el experimento hay que asegurarse de que el sistema de medida utilizado para recoger los valores es el adecuado (ver punto 3.4 del Capítulo 3). El sistema de medida utilizado podría ser diferente del utilizado actualmente en el proceso. En el paso 10 del proyecto quedará definido el sistema de medida que se utilizará en adelante una vez mejorado el proceso para el control de su funcionamiento.

5.2.1.- HeliCo. El DoE por excelencia

El difunto estadístico George E. P. Box, junto con Soren Bisgaard y Conrad Fung, utilizaba un helicóptero de papel para enseñar estadística. La idea provino de Kip Rogers, de Digital Equipment, y es útil para demostrar los diseños factoriales fraccionados. Décadas después de la publicación de Box, Bisgaard y Fung, el helicóptero de DoE se ha convertido en un componente básico de los cursos de DoE. El helicóptero de papel proporciona una manera de explicar rápidamente los conceptos básicos de DoE. También ofrece un experimento fácil de hacer que puede analizarse usando Minitab.

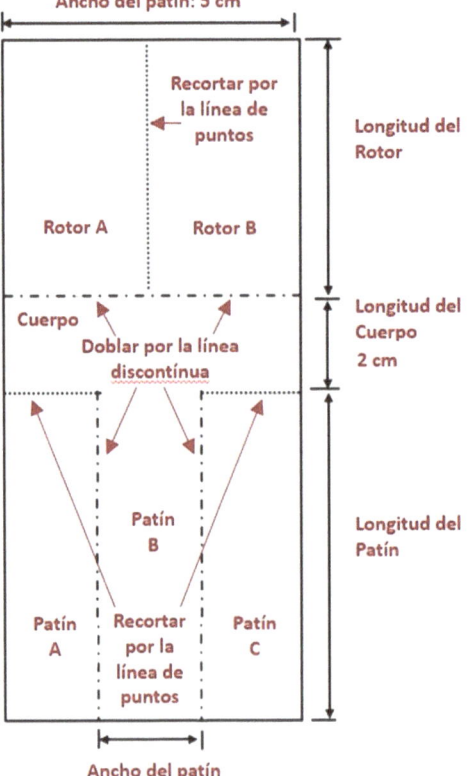

El concepto es muy sencillo: "Los clientes de HeliCo, empresa de helicópteros de papel, se han quejado de que el tiempo de vuelo de sus helicópteros es demasiado corto. Por ello se va a realizar un proyecto *Six Sigma*, del que tú eres responsable, en el que se pretende prolongar el tiempo de vuelo de los helicópteros de la compañía."

Objetivo: Encontrar la combinación de factores que, de manera más consistente, maximice el tiempo de vuelo. Además, el proyecto tiene las siguientes restricciones:

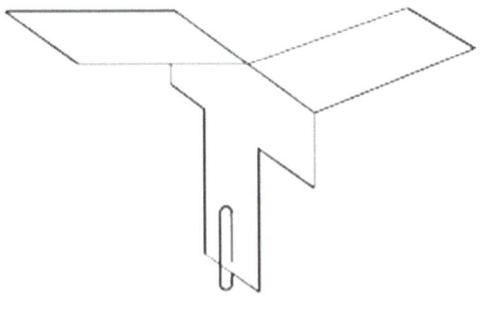

- El presupuesto total para el Proyecto es de USD 2.000.000
- Cada prototipo cuesta USD 100.000
- Cada prueba de vuelo cuesta USD 10.000
- Tenemos 45 minutos para hacerlo

<u>Equipo del proyecto</u>: Obviamente, como en todo proyecto que se precie habrá que definir un equipo que será el encargado de desarrollar el proyecto. Dicho equipo deberá contar con los siguientes componentes:

- Ingeniero Jefe: Liderará el equipo y decidirá qué prototipos se construirán. Tiene la última palabra.
- Ingeniero de Pruebas: Será el responsable de la ejecución de las pruebas y decidirá qué ensayos se realizarán con los prototipos.
- Ingeniero de Montaje: Lidera la cadena de montaje de prototipos y tiene la última palabra en lo relativo a su construcción.
- Responsable Financiero: Lleva el registro de los gastos incurridos en el proyecto. Es el responsable de que los gastos no excedan el presupuesto.
- Documentalista: Guarda un registro de datos de todas las pruebas que se realicen.

<u>Planteamiento</u>: El requerimiento del cliente debe definirse de forma medible para que podamos comenzar a trabajar, de modo que definimos el valor Y como el tiempo de vuelo de uno de nuestros helicópteros desde el momento en el que lo soltamos desde una altura de 2 metros hasta que toca el suelo. La definición de dichos parámetros es necesaria, ya que de otro modo podrían hacerse pruebas que desvirtuaran el resultado (por ejemplo, soltando el helicóptero desde alturas diferentes).

<u>Estrategia</u>: Debido a que tienes restricciones presupuestarias deberás conjugar varios factores para conseguir tener éxito:

- Variables X's que afectan al vuelo del helicóptero
- Posibles combinaciones de dichos factores
- Presupuesto del Proyecto
- Estrategia de desarrollo del experimento
- Forma de analizar los datos conseguidos

El equipo hace un *brainstorming* de las posibles causas (X's) que afectan al vuelo de los helicópteros de la compañía:

- Tipo de papel
- Longitud del rotor
- Longitud del patín
- Ancho del patín
- Contrapeso (clip) en el patín

Tenemos 5 variables. Vamos a darle dos posibles valores a cada una de dichas variables:

Tipo de papel:	Ligero (papel)	Pesado (cartulina)
Longitud del rotor:	Corto (7,5 cm)	Largo (8,5 cm)
Longitud del patín:	Corto (7,5 cm)	Largo (12,0 cm)
Ancho del patín:	Estrecho (3,2 cm)	Ancho (5,0 cm)
Contrapeso (clip) en el patín:	Sin Clip	Con Clip

Existen $2^5 = 32$ combinaciones, y lo ideal sería hacer varias pruebas de cada una, pero en cuanto el Ingeniero Jefe expresa su pensamiento en voz alta el Responsable Financiero se hecha las manos a la cabeza diciendo que "de ninguna manera" va a permitir "semejante despilfarro". Por ello acuerdan entre todos buscar la forma de conseguir el mayor número de información con el menor número de prototipos y ensayos posible. Para ello recurren a *Minitab*. Dado que es un ejemplo menos complejo que los realizados anteriormente en este libro y la relevancia de los resultados es alta, explicaré los pasos realizados uno a uno.

Los especialistas en estadística y los *Black Belt* deberían saber cómo preparar y realizar manualmente los cálculos en un experimento diseñado, pero como estamos solamente hablando de una pequeña introducción y, además, existen herramientas que lo hacen por nosotros, las utilizaremos. Para crear un diseño factorial fraccionado en *Minitab* iremos a **DoE > Factorial > Crear diseño factorial** y seleccionaremos el diseño deseado.

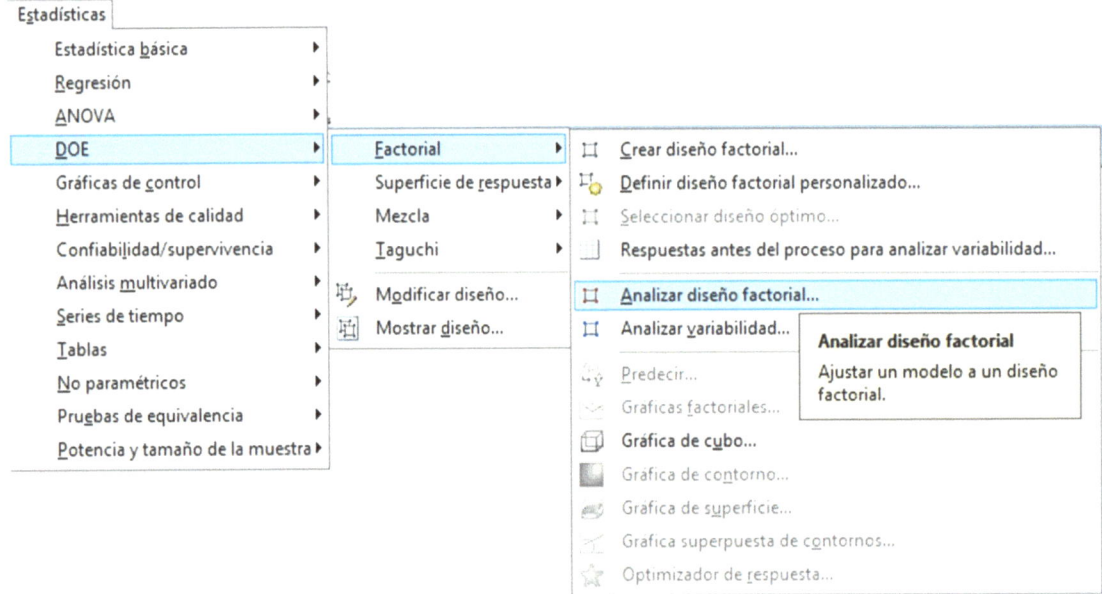

Para este Proyecto vamos a utilizar dos niveles (dos posibles valores) y 5 factores diferentes (nuestras X's), así que en *Minitab* seleccionaremos un Tipo de Diseño **Factorial de dos niveles** y un **Número de factores** igual a 5.

La resolución es el grado en que los efectos forman una estructura de alias con otros efectos. En otras

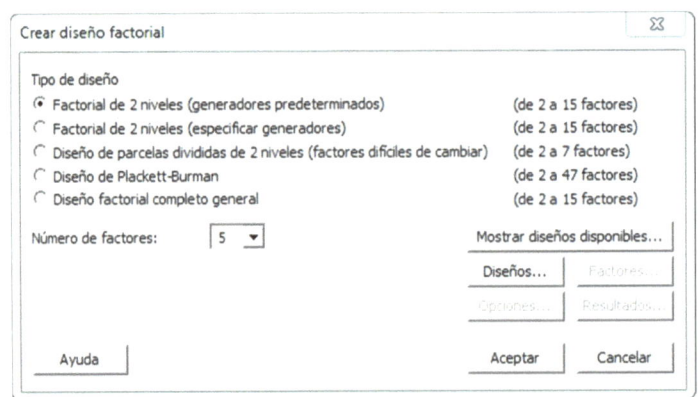

palabras, los efectos que forman una estructura de alias están mezclados y no se pueden estimar por separado. Esto también se conoce como confusión, y es el resultado de no probar todas las combinaciones posibles de los factores, dado que no disponemos del dinero para ello. Es una desventaja del diseño factorial fraccionado; sin embargo, no probar todas las combinaciones posibles puede representar una ventaja significativa en cuanto a tiempo y costos en comparación con un diseño factorial completo.

Si no estamos seguro de qué resolución debemos usar haremos clic en **Mostrar diseños disponibles…** para ver una lista de resoluciones y diseños. Al hacerlo aparecerá una tabla como la que vemos en la captura de la derecha:

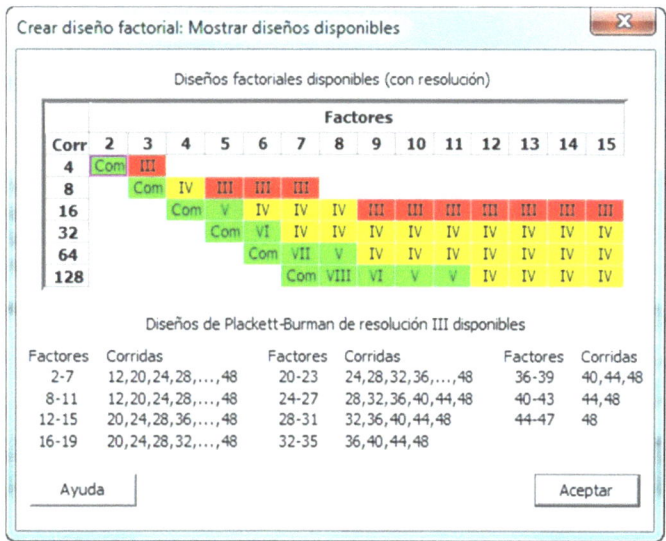

En el ámbito de la calidad, normalmente se utilizan tres niveles de resolución: resolución III, IV y V. Los efectos principales no se confunden entre sí en estos tres tipos de resolución; sin embargo, en un diseño de resolución III, los efectos principales se confundirán con las interacciones de 2 factores. En los diseños de resolución IV, las interacciones de 2 factores no se confunden con los efectos principales, pero sí forman estructura de alias con otras interacciones de 2 factores y los efectos principales se confunden con las interacciones de 3 factores.

Siempre que nos sea posible deberemos intentar utilizar diseños de resolución IV en lugar de diseños de resolución III, porque tienen menos estructuras de alias, pero de todos modos requieren menos pruebas (que *Minitab* llama "corridas", supongo que traducidos del inglés "runs") con prototipos experimentales que los experimentos de resolución superior.

Los diseños de resolución V tienen la ventaja añadida de que los efectos de 2 factores no se confunden con otros efectos de 2 factores; sin embargo, los efectos de 2 factores forman estructura de alias con los efectos de 3 factores y los efectos principales forman estructura de alias con los efectos de 4 factores.

El problema de confusión puede eliminarse con la ejecución de un diseño factorial completo; sin embargo, se requerirían muchos más prototipos diferentes, cosa que el Responsable Financiero no nos dejaría realizar por mucho que le insistiéramos.

De modo que, de acuerdo a la tabla y para un escenario de 5 variables (Factores), tenemos 3 posibilidades de ensayo:

- Tipo III: 8 prototipos → USD 800.000
- Tipo V: 16 prototipos → USD 1.600.00
- Completo: 32 prototipos → USD 3.200.000

De acuerdo a nuestro presupuesto podremos optar por un *DoE* tipo V. también podríamos realizar un *DoE* completo con solamente 4 variables, pero es posible que no tuviéramos la certeza de estar teniendo en cuenta todas las X's. Haremos clic en **Diseños…** y seleccionaremos el diseño deseado.

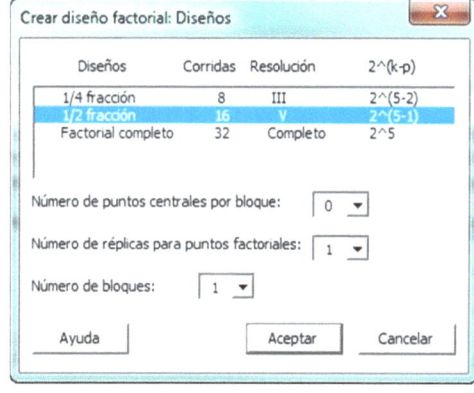

Cuando se configura el experimento, *Minitab* también necesita el número de bloques. Los bloques son simplemente agrupaciones homogéneas de mediciones que pueden utilizarse para representar la variación. El valor predeterminado es uno; lo ideal es que todo sea homogéneo.

El experimento del helicóptero se configurará de modo que haya solamente un bloque experimental: cada tipo de papel provendrá de la misma fuente; todos los helicópteros serán construidos por la misma persona, el Ingeniero de Montaje, con las mismas tijeras y la misma regla. Si tuviéramos un déficit de clips que nos obligara a usar clips de dos fabricantes, entonces necesitaríamos bloques para representar la posible variación en los clips. Afortunadamente, ese no es el caso.

También podríamos decidir realizar más de un ensayo (réplica) con el mismo prototipo. De hecho, dado que tenemos aún USD 400.000 en el presupuesto y el coste por prueba es de USD 10.000, podríamos probar hasta dos veces cada prototipo:

- 1 test por prototipo: 16 x 1 x USD 10.000 → USD 160.000
- 2 test por prototipo: 16 x 2 x USD 10.000 → USD 320.000
- 3 test por prototipo: 16 x 3 x USD 10.000 → USD 480.000

Pero si estimamos, por ejemplo, que cada vuelo dura 1 minuto, tendríamos que dedicar 32 minutos a los ensayos, lo que nos deja 13 minutos para fabricar los prototipos y analizar los resultados obtenidos tras las pruebas. Por ello decidimos sólo hacer un ensayo por prototipo.

Después de seleccionar nuestro diseño, haremos clic en el botón **Factores** para ingresar los nombres y los niveles de las variables (las X's) con las que vamos a realizar el experimento. Para cambiar el nombre de un factor, simplemente escribimos el nombre del factor sobre la letra en el campo de nombre. El nombre de los valores de configuración de los factores también puede cambiarse al remplazar los valores predeterminados de -1 y 1 por los niveles reales de los factores.

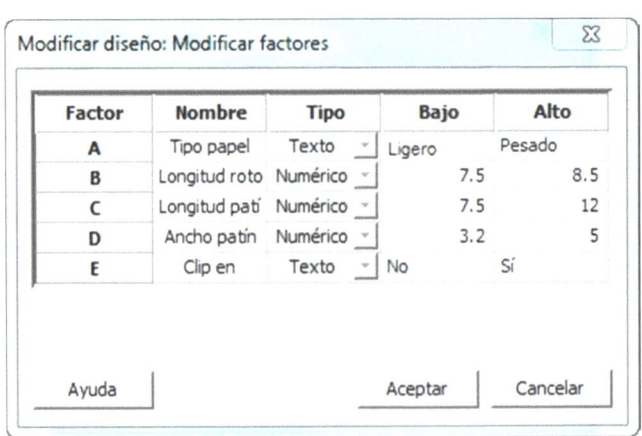

Factor	Nombre	Tipo		Bajo	Alto
A	Tipo papel	Texto	▾	Ligero	Pesado
B	Longitud roto	Numérico	▾	7.5	8.5
C	Longitud patí	Numérico	▾	7.5	12
D	Ancho patín	Numérico	▾	3.2	5
E	Clip en	Texto	▾	No	Sí

Una vez completado el cuadro de diálogo, *Minitab* creará el diseño experimental y lo mostrará en una hoja de trabajo. La ventana Sesión, ubicada encima de la hoja de trabajo, proporcionará una descripción del diseño seleccionado con la estructura de alias resultante.

En la hoja de trabajo se verán las especificaciones de todos los diferentes prototipos que deberemos fabricar, de modo que el Ingeniero de Montaje podrá comenzar a trabajar.

Diseño factorial fraccionado

Factores:	5	Diseño de la base:	5, 16	Resolución:	V
Corridas:	16	Réplicas:	1	Fracción:	1/2
Bloques:	1	Puntos centrales (total):	0		

Generadores del diseño: E = ABCD

Estructura de alias

I + ABCDE

A + BCDE
B + ACDE
C + ABDE
D + ABCE
E + ABCD
AB + CDE
AC + BDE
AD + BCE
AE + BCD
BC + ADE
BD + ACE
BE + ACD
CD + ABE
CE + ABD
DE + ABC

↓	C1	C2	C3	C4	C5-T	C6	C7	C8	C9-T	C10
	OrdenEst	OrdenCorrida	PtCentral	Bloques	Tipo papel	Longitud rotor	Longitud patín	Ancho patín	Clip en	Tiempo de vuelo
1	13	1	1	1	Ligero	7.5	12.0	5.0	Sí	
2	1	2	1	1	Ligero	7.5	7.5	3.2	Sí	
3	7	3	1	1	Ligero	8.5	12.0	3.2	Sí	
4	11	4	1	1	Ligero	8.5	7.5	5.0	Sí	
5	12	5	1	1	Pesado	8.5	7.5	5.0	No	
6	9	6	1	1	Ligero	7.5	7.5	5.0	No	
7	5	7	1	1	Ligero	7.5	12.0	3.2	No	
8	14	8	1	1	Pesado	7.5	12.0	5.0	No	
9	6	9	1	1	Pesado	7.5	12.0	3.2	Sí	
10	15	10	1	1	Ligero	8.5	12.0	5.0	No	
11	16	11	1	1	Pesado	8.5	12.0	5.0	Sí	
12	2	12	1	1	Pesado	7.5	7.5	3.2	No	
13	10	13	1	1	Pesado	7.5	7.5	5.0	Sí	
14	3	14	1	1	Ligero	8.5	7.5	3.2	No	
15	4	15	1	1	Pesado	8.5	7.5	3.2	Sí	
16	8	16	1	1	Pesado	8.5	12.0	3.2	No	

En la hoja de trabajo de Minitab resultante que se muestra arriba, los resultados experimentales se introducirán en la columna C10. Podremos asignar a la columna el nombre **Tiempo de vuelo**, ya que esa es nuestra Y del Proceso.

En la columna **OrdenCorrida** se proporciona un orden aleatorizado para los diferentes ensayos. Sin ese orden aleatorio se corre el riesgo de que los resultados experimentales reflejen cambios desconocidos en el sistema de prueba con el tiempo. Por ejemplo, en nuestro caso, las tijeras pueden perder el filo con el tiempo, produciendo cortes ligeramente diferentes durante la preparación de cada nuevo helicóptero.

Como ya hemos visto antes, el valor predeterminado de *Minitab* para un experimento diseñado es un ensayo (réplica) por prototipo. Si observáramos mucha variación en el proceso o en las mediciones resultantes, podríamos ir a **Estadísticas > DoE > Modificar diseño** para agregar réplicas a nuestro *DoE*. Supongamos que, por ejemplo, nuestro Ingeniero de Montaje tiene dificultad para cortar una línea recta, por lo que todos los bordes no son uniformes; las diferencias en los resultados pueden reflejar esta variación. Replicar los ensayos minimiza los efectos de este tipo de variación inesperada. Desgraciadamente, como ya hemos visto anteriormente, no disponemos de tiempo para ello; de modo que esperemos que el Ingeniero de Montaje haga honor a su puesto y no se equivoque...o ya tendremos a quién echar la culpa.

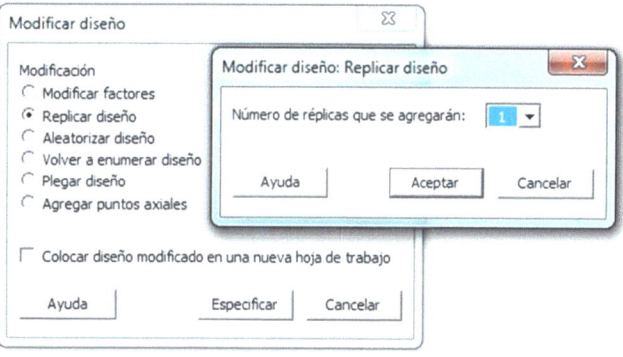

Es hora de ponerse manos a la obra. El Ingeniero de Montaje fabricará (no sin cierta presión recientemente añadida) los prototipos para que el Ingeniero de Pruebas realice cada uno de los ensayos programados y el Documentalista registro todos los resultados obtenidos en *Minitab*. Hay que soltar todos los helicópteros desde una altura de 2 metros e identificar el punto de "despegue" claramente para asegurar la consistencia. Un punto de partida más alto o más bajo afectaría el tiempo de vuelo y eso podría arruinar los resultados. Los helicópteros también deben sostenerse y soltarse de la misma manera o la variación presente en los datos podría ser efecto del método de lanzamiento y no del diseño del helicóptero.

Una vez terminada la fase de ensayos tendremos la siguiente hoja de trabajo de Minitab, que contiene los resultados experimentales especificados de **Tiempo de vuelo** en la columna C10.

↓	C1	C2	C3	C4	C5-T	C6	C7	C8	C9-T	C10 ☑
	OrdenEst	OrdenCorrida	PtCentral	Bloques	Tipo papel	Longitud rotor	Longitud patín	Ancho patín	Clip en	Tiempo de vuelo
1	13	1	1	1	Ligero	7.5	12.0	5.0	Sí	1.61
2	1	2	1	1	Ligero	7.5	7.5	3.2	Sí	1.98
3	7	3	1	1	Ligero	8.5	12.0	3.2	Sí	1.80
4	11	4	1	1	Ligero	8.5	7.5	5.0	Sí	1.99
5	12	5	1	1	Pesado	8.5	7.5	5.0	No	1.76
6	9	6	1	1	Ligero	7.5	7.5	5.0	No	2.10
7	5	7	1	1	Ligero	7.5	12.0	3.2	No	1.56
8	14	8	1	1	Pesado	7.5	12.0	5.0	Sí	1.54
9	6	9	1	1	Pesado	7.5	12.0	3.2	Sí	1.27
10	15	10	1	1	Ligero	8.5	12.0	5.0	No	1.87
11	16	11	1	1	Pesado	8.5	12.0	5.0	Sí	1.65
12	2	12	1	1	Pesado	7.5	7.5	3.2	No	1.58
13	10	13	1	1	Pesado	7.5	7.5	5.0	Sí	1.57
14	3	14	1	1	Ligero	8.5	7.5	3.2	No	2.30
15	4	15	1	1	Pesado	8.5	7.5	3.2	Sí	1.64
16	8	16	1	1	Pesado	8.5	12.0	3.2	No	1.62

Ahora sólo nos queda dedicar el poco tiempo restante a realizar el análisis de los datos para obtener el mayor número de conclusiones válidas posibles. Para ello le vamos a pedir a *Minitab* que ejecute el análisis de los resultados seleccionando **DoE** > **Factorial** > **Analizar diseño factorial...**

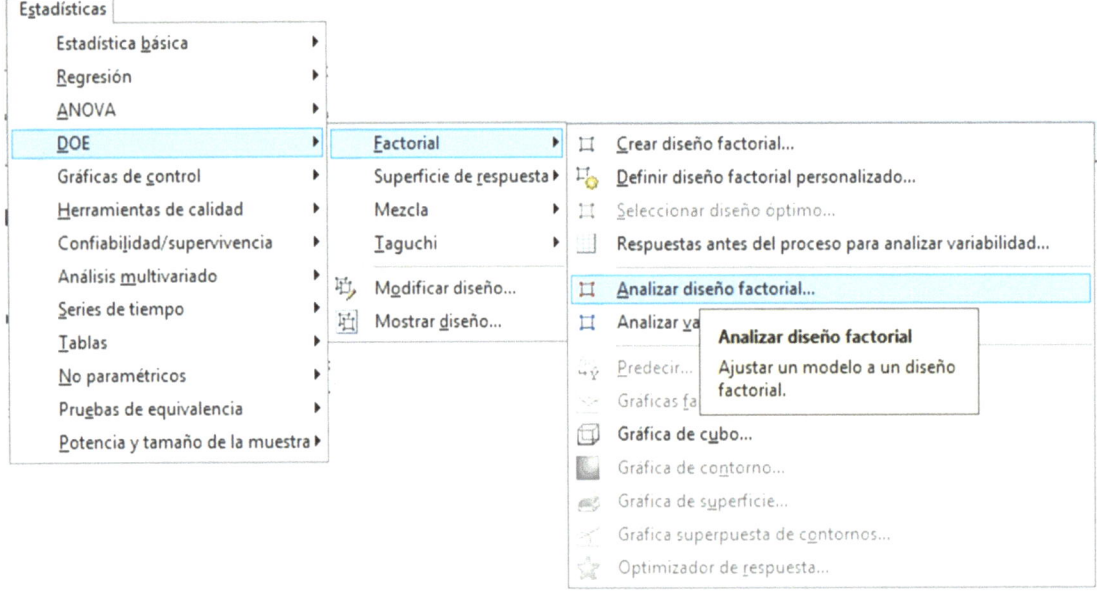

Al hacer clic en **Aceptar**, *Minitab* proporcionará una tabla ANOVA así como un diagrama de Pareto de los efectos, lo que hace que sea muy fácil identificar los factores significativos. En una tabla ANOVA, los factores con un valor **p** menor que 0.05 son estadísticamente significativos. ¡Sin embargo, la tabla ANOVA correspondiente a este modelo no incluye valores p!

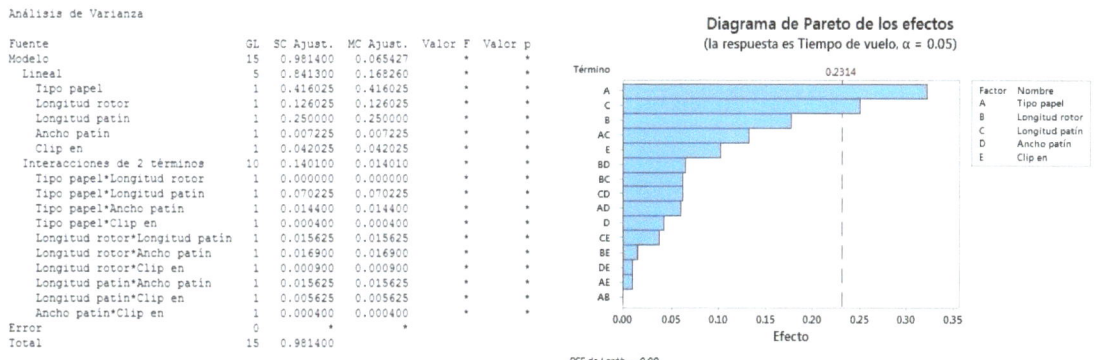

Análisis de Varianza

Fuente	GL	SC Ajust.	MC Ajust.	Valor F	Valor p
Modelo	15	0.981400	0.065427	*	*
Lineal	5	0.841300	0.168260	*	*
Tipo papel	1	0.416025	0.416025	*	*
Longitud rotor	1	0.126025	0.126025	*	*
Longitud patín	1	0.250000	0.250000	*	*
Ancho patín	1	0.007225	0.007225	*	*
Clip en	1	0.042025	0.042025	*	*
Interacciones de 2 términos	10	0.140100	0.014010	*	*
Tipo papel*Longitud rotor	1	0.000000	0.000000	*	*
Tipo papel*Longitud patín	1	0.070225	0.070225	*	*
Tipo papel*Ancho patín	1	0.014400	0.014400	*	*
Tipo papel*Clip en	1	0.000400	0.000400	*	*
Longitud rotor*Longitud patín	1	0.015625	0.015625	*	*
Longitud rotor*Ancho patín	1	0.016900	0.016900	*	*
Longitud rotor*Clip en	1	0.000900	0.000900	*	*
Longitud patín*Ancho patín	1	0.015625	0.015625	*	*
Longitud patín*Clip en	1	0.005625	0.005625	*	*
Ancho patín*Clip en	1	0.000400	0.000400	*	*
Error	0	*	*		
Total	15	0.981400			

Esto se debe a que, con todos nuestros factores incluidos en el modelo, no nos quedan grados de libertad para el error, y se necesita por lo menos 1 grado de libertad para calcular los valores **p**. Sin embargo, aunque no podemos aceptar este modelo con base en los resultados del ANOVA, sí podemos usar la gráfica normal o el diagrama de Pareto para identificar los factores y las interacciones que no son significativos.

En este punto, para comenzar, el Ingeniero Jefe normalmente debería eliminar estos factores y volvería a ejecutar el análisis hasta que solo quedaran factores e interacciones significativos. Generalmente esto se conoce como "reducción del modelo". A medida que se eliminan factores del modelo, se cuenta con más grados de libertad para el cálculo de los valores **p**. El número de modelos que debe evaluar depende del número de factores incluidos en el análisis. Una vez eliminados los valores de las opciones BE, DE, AE y AB obtenemos el siguiente Pareto:

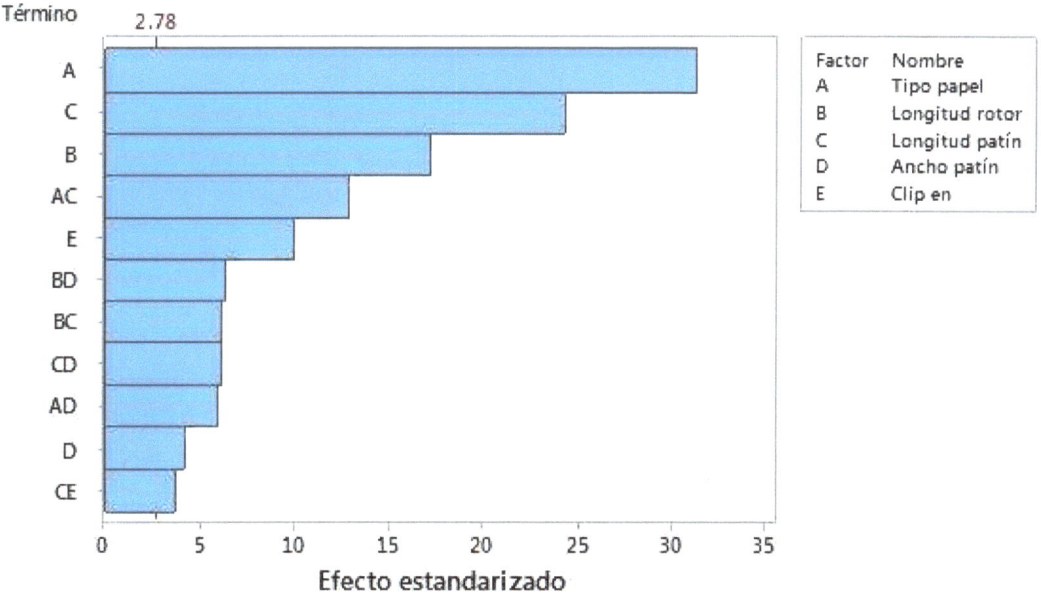

Con ello ya podemos decir que el principal factor que afecta a nuestro tiempo de vuelo (Y) es el Tipo de Papel, seguido por la Longitud del Patín y la Longitud del Rotor.

Para ayudarnos a interpretar mejor los resultados *Minitab* también puede proporcionar gráficas de efectos principales y de interacción. Seleccionaremos **DoE** > **Factorial** > **Gráficas factoriales…** Puesto que ya analizamos los resultados, *Minitab* selecciona automáticamente los factores utilizados en nuestro modelo. Solamente hacemos clic en **Aceptar** y obtendremos gráficas de

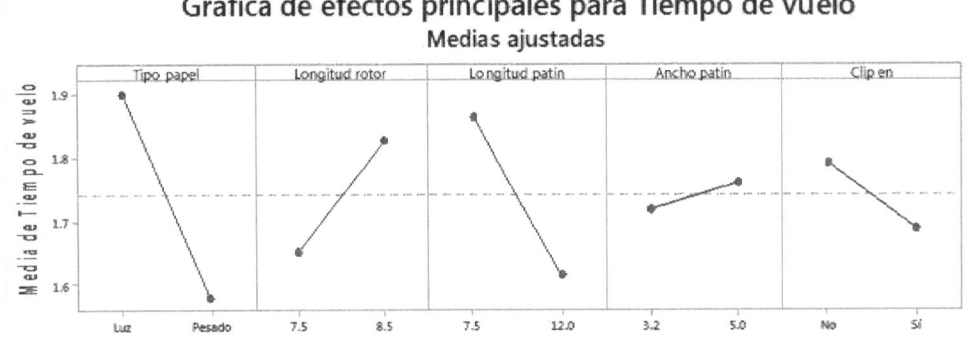

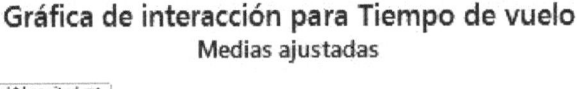

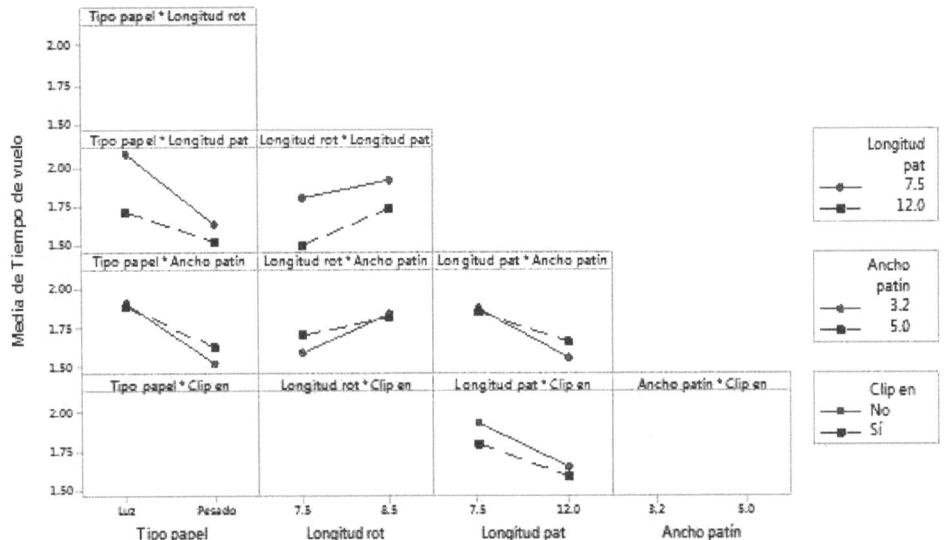

los efectos principales significativos y las interacciones significativas. La gráfica de efectos principales muestra los resultados de cambiar de un valor a otro para cada factor:

Por último, podemos utilizar el Optimizador de respuestas para hallar la combinación de valores de configuración que nos dará el tiempo de vuelo más largo. Seleccionamos **Estadísticas** > **DoE** > **Factorial** > **Optimizador de respuestas…** El optimizador producirá una siguiente gráfica que muestra la configuración óptima de los factores en rojo y la respuesta pronosticada para los helicópteros hechos con esa configuración en azul:

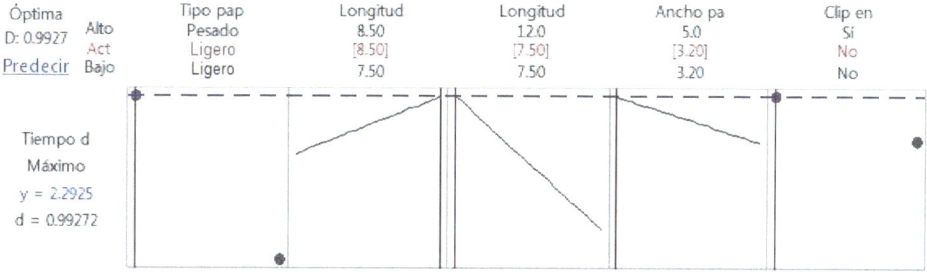

Para los datos que recolectamos, nuestro análisis con *Minitab* indica que la configuración óptima del helicóptero sería:

- Tipo de papel: Ligero (papel)
- Longitud del rotor: Largo (8,5 cm)
- Longitud del patín: Corto (7,5 cm)
- Ancho del patín: Estrecho (3,2 cm)
- Contrapeso (clip) en el patín: Sin Clip

Para diseñar un helicóptero aún mejor, podríamos repetir todo el *DoE* usando papel incluso más ligero y aspas más largas. Un ala de 50 cm puede ser más grande, pero eso no significa que sea mejor. Es posible que se pueda predecir la configuración ideal con base en un resultado de *DoE*, pero siempre debe tener cuidado al extrapolar más allá del conjunto de datos o el resultado podría ser un helicóptero que se estrelle.

5.2.2.- Conclusiones

Un *DoE* es una poderosa herramienta (aunque no la única) que permite visualizar las causas potenciales y descubrir la relación entre variables, pero para obtener un resultado que nos resulte válido deberemos tener en cuenta muchos factores y consideraciones (algunos, debido a su complejidad, no se han desarrollado en este caso):

- La mejor posibilidad es realizar un ensayo factorial completo. Es decir, aquél en el que se prueben todas las posibles combinaciones, aunque ello no siempre es posible. Si no es posible realizar un ensayo fraccional completo por restricciones de tiempo o dinero, se deberá intentar realizar el ensayo fraccionado más completo posible (1/2 antes que 1/4, 1/4 antes que 1/8, etc...)
- En el caso de N variables con dos posibles valores las combinaciones de un ensayo factorial completo son 2^N.
- Un DoE bien diseñado incluirá, en la medida de lo posible, más de una réplica por ensayo. Ello nos permitirá tener una aproximación de la desviación estándar de nuestro proceso.
- Al designar un orden de ensayo aleatorio reducimos el riesgo de que los resultados experimentales reflejen cambios desconocidos en el sistema de prueba con el tiempo.
- Si al realizar los ensayos uno de ellos se sale exorbitantemente fuera del rango (da un valor Y que podríamos considerar absurdo) no se debe desechar dicho resultado a menos que existan circunstancias extremas que lo hayan provocado. Estudiar dichos valores reducirá la variabilidad de nuestro Proceso.

- Es posible que la interacción de una variable con otra afecte al resultado. Una vez que se hayan calculado los efectos de las diferentes variables y sus interacciones, podría definirse un modelo matemático del proceso con datos estadísticamente significativos.
- Con dicho modelo matemático se pueden determinar los ajustes a realizar en cada una de las variables del Proceso para obtener el valor deseado.
- Nuestro nivel de conocimiento acerca del proceso será determinante a la hora de plantear la estrategia del *DoE* adecuada.
- Las conclusiones obtenidas de un *DoE* deberían ser verificadas a través de experimentación adicional siempre que sea posible.

5.3.- Marcar tolerancias operacionales

Una vez que hemos hallado la relación matemática entre las variables que afectan a nuestro proceso y el resultado del mismo, utilizaremos dichas funciones (denominadas "Funciones de Transferencia") para definir los parámetros operativos clave y su tolerancia para conseguir alcanzar las CTQs. El concepto es muy sencillo de entender una vez que se dispone de la relación entre X e Y, además de las especificaciones necesarias del Proceso.

5.3.1.- Principios de Tolerancia

Podríamos definir el término Tolerancia como el rango de variación permitido de un valor X el cual hace cumplir los requerimientos de Y. Utilizando la Función de Transferencia descubierta en el paso anterior estableceremos los límites operacionales que nos permitan cumplir con el objetivo acotado de Y que se definió en el paso 5 del Proyecto. Si estamos tratando con más de una CTQ, habrá que considerar las interacciones y el producto resultante. Finalmente, deberemos tener muy en cuenta las variaciones debido a los errores de medida tanto de X como de Y.

En el Paso 5 (Capítulo 3.3) definimos unos límites de tolerancia para el proceso: USL y LSL. Una vez que tenemos la función de transferencia, podemos acotar con relativa facilidad los valores de tolerancia permitidos de X en los que el resultado del Proceso, Y se encuentra dentro de valores aceptables.

En cambio, sabemos que el sistema de medida que hemos utilizado tiene un margen de error. Como deseamos que el resultado de nuestro Proceso no se vea afectado por dicha variación, lo incluimos y eliminamos al definir los límites de tolerancia. De ese modo se reduce el rango de tolerancia de X, pero aseguramos un valor de Y que, con toda seguridad, está dentro de nuestros límites permisibles.

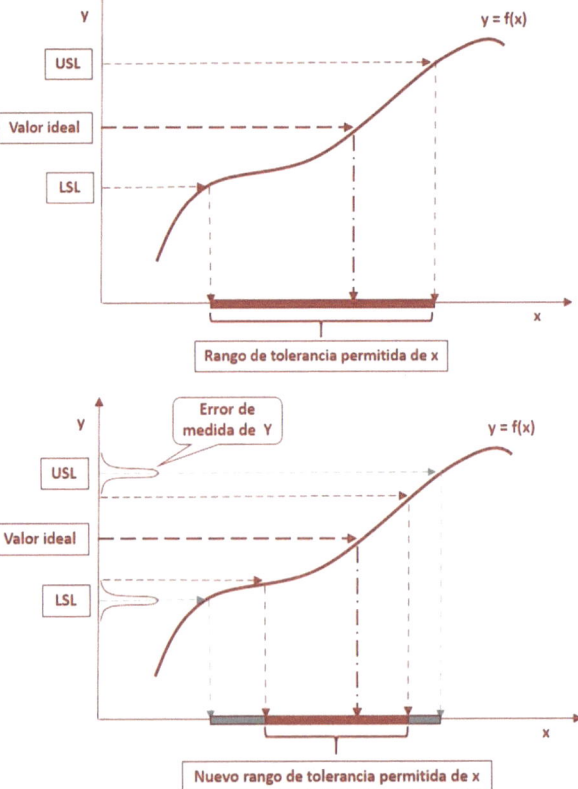

Por desgracia, nuestro sistema de medición de X también tiene su propio margen de error. De nuevo lo incluimos y lo eliminamos en la definición del rango de tolerancia de X, teniendo como resultado unos límites de tolerancia muy inferiores a los que en un principio pensábamos, pero al mismo tiempo tenemos la seguridad de que el resultado de Y será el deseado.

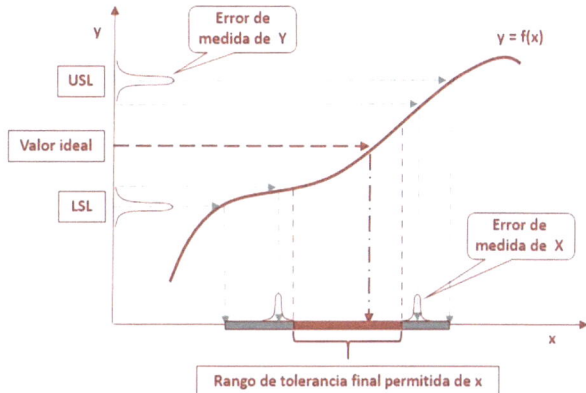

5.3.2.- Simulación

Ya tenemos unos rangos de tolerancia de las X's del Proceso pero, antes de aplicarlas directamente sobre nuestro Proceso en la "vida real", es recomendable realizar simulaciones (cuando ello sea posible) que nos aseguren que dichas tolerancias son correctas y que las posibles interacciones entre las diferentes X's no provoquen que Y se salga de los límites operacionales permitidos.

Normalmente dichas simulaciones se realizan con la ayuda de software específico. Dependiendo del tipo de Proceso existen diferentes programas que nos ayudarán en este paso, pero me centraré únicamente en dos de ellos que cubrirán la mayoría de los procesos en los que he realizado proyectos DMAIC: ALT y Monte Carlo

5.3.3.- ALT

Las siglas ALT corresponden al acrónimo inglés *Accelerated Life Test*, que en español se traduciría como Ensayo de Vida Acelerada. Los ensayos de vida acelerada consisten en reproducir de manera controlada y rápida las condiciones a las que un determinado elemento o producto pueda hacer frente a lo largo de su vida útil. Pueden consistir en ciclos térmicos, mecánicos o de humedad, por separado o juntos. Los ambientes están destinados a dar altos niveles de estrés, haciendo visibles los fallos de diseño en tiempos reducidos, respecto de las pruebas convencionales.

Un ensayo ALT suele utilizarse para encontrar los límites de operación y de fallo de un producto o, durante la fase de desarrollo, para mejorarlo. Por ello es un ensayo muy común en los procesos de diseño de piezas o mecanismos, sobre todo en el entorno aeroespacial. Existen variaciones dentro de dicho ensayo:

- ALT (*Accelerated Life Test*): El más común y aplicado.
- HALT (*Highly Accelerated Life Test*): Es una versión aún más acelerada del ensayo anterior. Se utiliza en los casos en las que las muestras con las que se trabaja son extremadamente caras (por ejemplo, los motores de avión)
- HAST (*Highly Accelerated Stress Test*): De nuevo utilizado primordialmente en aeronáutica, es un ensayo destinado a acelerar pruebas específicas. Por ejemplo, al probar la resistencia a tensión/compresión del ala de un avión. También se utiliza para comprobar la resistencia a la humedad de los circuitos de los teléfonos móviles.
- QALT (*Quantitative Accelerated Life Test*): Al contrario de los anteriores, que anticipan fallas a fin de identificar nuevas modalidades de falla, el QALT produce la información del tiempo hasta la falla. Esta información se utiliza para estimar la previsión de vida útil del producto bajo condiciones normales de uso.

Cualquiera de estos ensayos se realiza en cámaras específicas y apoyados por un software de análisis. El más famoso de todos es el desarrollado por *Reliasoft*. Para aprovechar al máximo las muestras se pueden analizar hasta 8 variables al mismo tiempo, lo que proporciona una ingente cantidad de datos para analizar. Cuando estas pruebas son correctamente ejecutadas, es posible utilizar modelos matemáticos para extrapolar el nivel de una Función de la Distribución Acumulativa (CDF: *Cummulative Distribution Function*) para el producto a partir de los datos de vida útil obtenidos en circunstancias aceleradas. Con este análisis sería posible determinar la confiabilidad, probabilidad de falla, tiempo de garantía, vida promedio, vida B(x) y otras informaciones respecto al tiempo de vida del producto. Una vez que se dispone de esos datos sólo hay que compararlos con las especificaciones de nuestro cliente interno y comprobar si, efectivamente, cumplimos con los requisitos.

5.3.4.- Simulación de Monte Carlo

Esta simulación se utiliza en marco mucho más genérico de aplicación. La técnica de la simulación de Monte Carlo se basa en simular la realidad a través del estudio de una muestra que se ha generado de forma totalmente aleatoria. Resulta, por tanto, de gran utilidad en los casos en los que no es posible obtener información sobre la realidad a analizar, o cuando la experimentación no es posible, o es muy costosa.

La simulación Monte Carlo permite analizar un elevado número de escenarios aleatorios, por lo que se puede decir que hace posible llevar la técnica del análisis de escenarios al infinito ampliando la perspectiva de los escenarios posibles. De esta forma se pueden realizar análisis que se ajusten en mayor medida a la variabilidad real de las variables X consideradas, y muestra las relaciones existentes entre ellas (aunque esto puede resultar realmente complejo), para explicar la realidad a estudiar mediante la sustitución del universo real, por un universo teórico utilizando números aleatorios. La simulación de Monte Carlo data del año 1940, cuando Neuman y Ulam la aplicaron en el campo de la experimentación de armas nucleares. A partir de entonces, se ha demostrado que es una técnica que puede ser aplicada en campos de diversa índole. Es muy aplicada en el campo de las inversiones financieras, por ejemplo.

Su nombre proviene del Casino de Monte Carlo, ya que es considerada la "catedral" de los juegos de azar. Es un guiño al azar de los números obtenidos en la ruleta y los valores aleatorios de X que se utilizan en la simulación.

Para realizar dicha simulación se necesita, de nuevo un software potente que sea capaz de calcular gran variedad de simulaciones a partir de la generación de datos aleatorios. El más utilizado es un *Add-On* para Excel desarrollado por *Oracle* y que se denomina *Crystal Ball*. Su funcionamiento es el siguiente:

- Introducimos las funciones de transferencia que hemos obtenido en el paso anterior.
- Definimos tanto las Xs con las que vamos a realizar la simulación como los límites de tolerancia permitidos para cada una de ellas.
- Una vez introducidas las variables se determina la función de densidad de probabilidad de cada una de ellas. Es decir, su recurrencia durante la simulación. Así se obtienen las funciones de distribución asociadas a cada variable.
- A continuación, se procede a la generación de números aleatorios y su proyección sobre cada una de las funciones de transferencia introducidas en el modelo, obteniendo diferentes valores de Y en función de las Xs utilizadas.
- Se crearán tantas simulaciones como sean necesarias. Cuantas más simulaciones se realicen, más cantidad de datos podrán analizarse. Dado que hablamos de una

herramienta de software y no implica destrucción de muestras, es fácil poder disponer de un elevado número de iteraciones para analizar.

- Posteriormente, se agrupan y clasifican los resultados. Se comparan los casos favorables, con los casos posibles, y se agrupan por categorías de resultados.
- Para finalizar, se lleva a cabo el análisis estadístico y de inferencia sobre el comportamiento de la realidad, calculando la media, la varianza y la desviación típica.

La simulación Monte Carlo responde a la típica pregunta que un responsable se podría hacer sobre su Proceso: "¿Y si..?", proporcionando potentes elementos de decisión que ayudan a establecer los valores que tenemos que fijar a las X's de nuestro Proceso de modo que obtengamos una Y que cumpla con los requerimientos del cliente y se mantenga estable en el tiempo.

5.4.- Resumen

Al terminar la fase *Improve* deberemos haber conseguido:

- Establecer una estrategia de mejora, acotando los valores de cada X, de manera que el resultado sea el deseado por nuestro Cliente Interno
- Confirmar dicha estrategia de mejora, demostrando a través de simulaciones el funcionamiento de la solución planteada.

En este momento sólo queda planificar la implantación de dicha solución a nuestro Proceso actual. Dado que dicha fase del Proyecto no refiere ninguna cualidad específica de un proyecto *Six Sigma*, la obviaremos y pasaremos a la última fase: Control.

Capítulo 6.- *CONTROL*

6.1.- Introducción

En el mundo de la Física la ley de la entropía explica la pérdida gradual de orden en un sistema con el paso del tiempo. Esa misma ley se puede aplicar a un Proceso; a menos que le añadamos "energía" (en forma de documentación y procesos de control constantes) los procesos tenderán a degradarse con el paso del tiempo, perdiendo los beneficios obtenidos con nuestras mejoras. El plan de calidad que se defina durante la fase de Control será el que añada dicha "energía" a nuestro proceso.

El objetivo final de esta fase (y del Proyecto como tal) es planificar la implementación las mejoras ya probadas y asegurarnos de que, una vez implementadas, nuestro Proceso se mantiene bajo control dentro de los parámetros operativos aceptables por el cliente.

Para mantener dicho control deberemos mantener nuestras Xs dentro de sus valores aceptables utilizando herramientas de control y monitorizando las variaciones que puedan ir teniendo a lo largo de la vida del Proceso. Estas variaciones pueden ser de dos tipos diferentes:

- Variaciones por causas comunes: Son aquellas variaciones inherentes al Proceso debido a la variabilidad natural de las Xs, efectos de desgaste, etc…
- Variaciones por causas especiales: Son aquellas variaciones debidas, por ejemplo, a un error de un operador, una materia prima defectuosa, etc…

Al hablar del control sobre un Proceso es fácil implementar medidas para las primeras, pero las segundas suelen causar una variabilidad mucho mayor y resultar más impredecibles, por lo que hay que evitar que ocurran en la medida de lo posible. Por ello se diseñan los Sistemas de Control de Procesos.

6.1.1.- Sistemas de Control de Procesos

Un Sistema de Control de Procesos tiene por objetivo asegurar que el resultado Y siempre cumpla con los requerimientos del cliente a lo largo del tiempo. Ello implica no sólo mantener bajo control los límites operacionales de las X's sino también incluir las acciones a ejecutar cuando dicha Y se salga de los límites aceptables. La importancia del Sistema de Control de Procesos reside en:

- La definición de las acciones, recursos y responsabilidades necesarias que aseguren que las medidas correctivas se mantienen y el resultado es el esperado.
- La provisión de los métodos y herramientas específicas que mantendrán el Proceso dentro de los límites establecidos independientemente del equipo.
- La documentación de las mejoras realizadas.
- Proporcionar un entendimiento total del Proceso y del efecto de las diferentes variables que lo comprenden.

Como se infiere de lo anterior, un Sistema de Control de Procesos (también llamado Plan de Calidad) es un documento complejo, extenso y denso, que contiene documentado no sólo los resultados de todo el trabajo *Six Sigma* realizado hasta el momento, sino también los parámetros que aseguran que todo ese trabajo perdurará con el tiempo. Por ello es fácil que en dicho dossier se encuentre la siguiente documentación:

- Gestión de Riesgos
- Sistemas a Prueba de Fallos / *Poka Yoke*
- *SPC* (del inglés *Statistical Process Control*, Control Estadístico del Proceso)
- Planificaciones de obtención de datos
- Sistemas de medida a utilizar
- Planes de auditoría del Proceso
- Planes de respuesta
- Planos de productos/procesos
- Documentación relevante del Proceso
- Organigramas de reparto de responsabilidades
- Planes de formación de los operadores

Los tres primeros mecanismos de control del listado son los más importantes, y son obligatorios en todo Sistema de Control de Procesos. Los dos primeros se utilizan para evitar problemas potenciales y el tercero para mantener dichos problemas bajo control.

La Gestión de Riesgos determina la posibilidad y el impacto de cada uno de los riesgos presentados durante la implementación de las mejoras en el Proceso. Además, determina las acciones destinadas a reducir o eliminar dichos riesgos. Por último, asigna responsabilidades y tiempos de ejecución para cada una de esas acciones. Es muy común el uso de *FMEAs* en su elaboración.

Los Sistemas a Prueba de Fallos eliminan la posibilidad de que un valor X quede fuera de los parámetros aceptable. El ejemplo más claro de este tipo de sistemas es el *Poka Yoke*. El nombre proviene del japonés en japonés ポカヨケ y significa, literalmente "a prueba de errores" (Nota: Originalmente se denominaba *Baka-Yoke*, que significa "a prueba de tontos", pero las quejas de los operarios japoneses de las fábricas, los cuales estaban en contra de que se les considerara "tontos", hizo que se modificara el nombre). Un sistema *Poka -Yoke* es aquél que no puede fallar. Un ejemplo muy claro lo tenemos con los enchufes: un enchufe español (denominado *Schuko*) puede conectarse en cualquier posición y siempre va a funcionar; un enchufe inglés puede conectarse únicamente de una forma determinada, lo que evita también la posibilidad de error. Ambos sistemas son *Poka-Yokes* que eliminan la posibilidad de conectar erróneamente un enchufe.

Los *SPC* son herramientas que proporcionan gráficas que nos ayudan a detectar rápidamente cualquier variación en el proceso, especialmente aquellas debidas a causas especiales. Son herramientas extremadamente útiles cuando no hay posibilidad de implementar Sistemas a Prueba de Fallos o no se pueden controlar con facilidad las Xs del Proceso.

6.1.2.- Confirmación y Cesión
Los dos pasos finales del proyecto serán la confirmación de la solución al Proceso y la cesión del mismo.

Para confirmar que la solución planteada realmente funciona se realizarán de nuevo las mediciones del Proceso. Se establecerá la nueva Capacidad del Proceso y se determinará si sus valores de Z_{ST}, DPMO, σ y μ cumplen los objetivos establecidos al inicio del Proyecto.

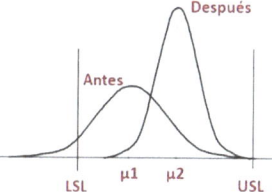

Si es así, entonces se debe ceder el control del Proceso a sus "propietarios", que serán las personas encargadas de mantenerlo una vez que el equipo *Six Sigma* haya terminado su trabajo. Esta transición no se realizará instantáneamente, sino que se habrá ido realizando paulatinamente a lo largo de todo el Proyecto. Normalmente en el equipo *Six Sigma* suele involucrarse a gran parte de las personas que se encargarán de mantener optimizado el Proceso en el futuro, por lo que quizás se podía explicar cuál sería la transición ideal fijándonos en la gráfica de la derecha.

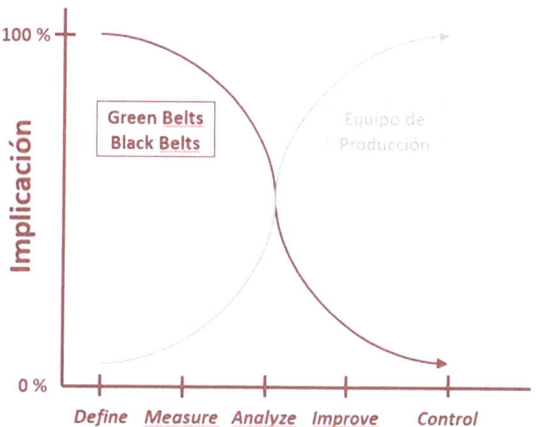

6.2.- Definición y validación del sistema de medida de las Xs tras las modificaciones

Al igual que hicimos en el paso 3 del proyecto (Capítulo 3.4 del libro), ahora debemos analizar de nuevo el sistema de medida y comprobar que los datos que se obtienen son correctos. De nada sirve todo el trabajo realizado si no podemos medir el resultado.

Dependiendo de las modificaciones que se hayan realizado en el Proceso, este trabajo será una mera comprobación o la completa creación de un nuevo sistema de medida. Si los cambios únicamente se han realizado sobre los parámetros implicados en el Proceso o no afectan al sistema de medición, simplemente sería necesario realizar un nuevo Gage R&R que confirme que el método de medida sigue siendo correcto. Si los cambios, por el contrario, son más profundos, habrá que definir un nuevo método de medida y comprobar que es fiable.

Dado que este punto es una tarea "repetitiva", en lugar de explayarnos en ella iremos al capítulo 3.4 en el que tendremos toda la información necesaria.

6.3.- Establecer la Capacidad del Proceso

De nuevo repetimos una tarea que la hicimos en el pasado, concretamente en el paso 4 (capítulo 4.2 del libro). Con el nuevo sistema de medida (o el antiguo si no hubo necesidad de cambiarlo) se realiza la toma de datos del Proceso modificado y con ella se estudian su Capacidad y Rendimiento, Z_{st} y Z_{lt}. Con ellos:

- Calcularemos la capacidad del Proceso tras las modificaciones utilizando las herramientas explicadas en el paso 4 (capítulo 4.2).
- Confirmaremos el cumplimiento del objetivo acotado de Y establecido en el paso 5 (capítulo 4.3).
- En caso de no confirmar el objetivo, deberemos volver al paso 6 (Capítulo 4.4) e identificar nuevas fuentes de variabilidad.

6.4.- Implementación de un Control del Proceso

Como ya dijimos anteriormente, un Sistema de Control de Procesos, o Plan de Calidad, es un documento complejo y extenso. Dicho documento debe cumplir las siguientes funciones:

- Describir el flujo del Proceso: Deberá incluir los diagramas de flujo del Proceso y definir quién será responsable de cada una de las etapas de dicho flujo.
- Describir los procedimientos operativos: Tendrán que
  - Ser específicos. Deberán describir exactamente qué acciones se deberán realizar y cuándo deberán realizarse.
  - Ser descriptivos. Deberán ser lo suficientemente claros para que las tareas puedan ser realizadas por una persona que no haya sido formada específicamente.
  - Describir cómo evitar desviaciones en el Proceso o en el resultado final, incluyendo una relación de causas-efectos.
  - Proporcionar tolerancias operacionales y cualquier otra especificación necesaria.
- Proporcionar información útil adicional:
  - Posibles ensayos de control de procedimientos.
  - Checklist, si son necesarios.
  - Remarcar la importancia de los puntos críticos del Proceso.
  - Proporcionar, si es posible, métodos futuros de mejora.

6.4.1.- Monitorización del Plan de Calidad

De nada sirve definir un Plan de Calidad si no es monitorizado y utilizado constantemente para mantener el Proceso optimizado. La monitorización del proceso es la herramienta que nos ayudará a detectar y corregir cualquier variación en el Proceso antes de que se traduzca en una queja por parte del Cliente.

La monitorización del Plan de Calidad es necesaria, ya que la verificación inicial de que todo funciona no es suficiente. Como ya hemos podido apreciar, los Procesos tienden a cambiar con el tiempo debido a ciertos factores, y debemos estar alerta respecto a dichos cambios cuando se vayan produciendo.

Los factores más importantes a monitorizar son:

- Resultados:
  - Satisfacción del Cliente
  - CTQs
  - Volúmenes (ventas, nivel de productividad, etc.)
- Medidas Internas del Proceso:
  - Funcionamiento de suministros
  - Volúmenes (inventario, rechazos intermedios, etc.)
- Inputs del Proceso

En lo que se refiere a la periodicidad de dicho control, ello depende principalmente tanto del tipo de Proceso como del nivel de efectividad que necesitemos. Un control y análisis constante del 100% de todos los puntos del Plan de Calidad sería perfecto, pero no siempre puede realizarse o el costo del mismo encarece el coste del Proceso por encima de su rentabilidad.

6.4.2.- Introducción a la Gestión de Riesgos

La Gestión de Riesgos se define como el proceso de identificar, analizar y cuantificar las probabilidades de pérdidas y efectos secundarios que se desprenden de los fallos, así como de las acciones preventivas, correctivas y reductivas correspondientes que deben emprenderse.

Definimos Riesgo como la probabilidad de que suceda un evento no deseado, y el impacto/consecuencia de dicho evento.

Un sistema de Gestión de Riesgos resulta útil en los siguientes casos:

- Cuando necesitamos evaluar y reducir riegos de costes, tecnológicos, de márketing, especificaciones o instalación.
- Cuando queremos asegurar que se mantiene la mejora y el control en un proyecto *DFSS* o *DMAIC*.
- Cuando necesitamos evaluar los riesgos de decisiones clave, como por ejemplo el no realizar un ensayo muy caro o retrasar un análisis por falta de tiempo.

La Gestión de Riesgos es una herramienta muy amplia y permite muchas formas de abordarla, aunque en general suele tener unos pasos comunes definidos. Aquí podemos ver un ejemplo que puede servir para extrapolar a cualquier caso particular que pueda encontrarse.

6.4.2.1.- Identificar los elementos y tipos de Riesgo

La primera etapa es identificar aquellos riesgos que pueden suceder y no deseamos. Dicha identificación puede realizarse de muchas maneras:

- *Brainstormig* de personas con conocimientos del Proceso
- Análisis de las lecciones aprendidas durante el Proyecto
- Experiencias previas
- *FMEA*s
- Problemas anteriores conocidos o documentados
- Búsqueda de riesgos específicos en:
    - Diseños complejos
    - Nuevos Procesos de Fabricación
    - Técnicas de montaje no analizadas
    - Costes altos o no valorados
    - Posibles retrasos de planificación
    - Falta de especificaciones

6.4.2.2.- Valorar los Riesgos

La valoración de cada riesgo de nuevo es una labor subjetiva del Proceso. Vamos a ver una metodología que ayudará a dicha tarea y un ejemplo de cómo podría hacerse:

1. Seleccionar una lista de "categorías de riesgo" que los engloben a todos. Por ejemplo:
    - Costes
    - Tecnología
    - Especificaciones
    - Márketing
    - Instalación

2. Calificar la probabilidad de que sucedan. Se puede valorar, por ejemplo, del 1 al 5 de la siguiente forma:
   - Baja: 1
   - Poca: 2
   - Moderada: 3
   - Significativa: 4
   - Alta: 5
3. Calificar las consecuencias de que sucedan. De nuevo podemos valorar del 1 al 5 de la misma forma.
4. Obtener el factor de riesgo multiplicando probabilidad por consecuencia. De esa manera se obtendría un rango de valores del 1 al 25

6.4.2.3.- Priorizar los Riesgos

Una vez que tenemos categorizados los posibles riesgos, hay que separar los críticos de los bajos. Para ello, utilizando la valoración anterior, podríamos decir que:

- Riesgos Bajos: Son aquellos con puntuaciones entre 1 y 8.
- Riegos Medios: Son aquellos con puntuaciones entre 9 y 15.
- Riegos Altos: Son aquellos con puntuaciones entre 16 y 25.

Nuestro objetivo principal es eliminar por completo los riesgos altos y medios o, en su defecto, reducirlos a un valor bajo.

6.4.2.4.- Crear planes de reducción de Riesgos

En este punto debemos identificar acciones destinadas a reducir la probabilidad de que suceda un Riesgo e implementar dichas acciones de forma planificada para que se efectúen automáticamente.

Todos aquellos riesgos considerados medios o altos deben tenerse en consideración, y las acciones desarrolladas deberán incluirse en un Plan consolidado de reducción de Riesgos, así como acciones de seguimiento destinadas a comprobar que las acciones especificadas en el Plan se cumplen.

Herramientas como el Diagrama *Fishbone* suelen resultar de utilidad a la hora de identificar las acciones de reducción de Riesgos. Hay que tener en cuenta, además, que normalmente las consecuencias de que ocurra un Riesgo no cambian, por lo que hay que enfocarse en reducir las probabilidades de que sucedan.

Algunas acciones que se pueden tomar para reducir Riesgos son:

- Implicar a los proveedores u operarios en el Plan de Calidad
- Utilizar diseños robustos
- Realizar análisis previos completos
- Realizar revisiones con una mayor periodicidad
- Utilizar herramientas específicas para mejorar la productividad
- Negociar plazos, costes o subidas de precio diferentes

6.4.2.5.- Incorporar los planes de reducción de Riesgos al plan de trabajo

El plan de reducción de riesgo debe de ser parte de la rutina del plan de trabajo, integrarse dentro de él de tal forma que no consuma demasiados recursos ni que, de plantearse como una operación aparte, afecte negativamente al funcionamiento del Proceso.

Adicionalmente a todas estas etapas se suelen añadir otras dos:

- Hacer seguimiento de la reducción de riesgos
- Actualización continua para buscar nuevos riesgos y reducir los antiguos

Con todo esto ahora podemos elaborar una estrategia de gestión del Riesgo completa y efectiva para incluirla en nuestro Plan de Calidad.

6.4.3.- Sistemas a Prueba de Fallos

Como ya se ha comentado antes, los Sistemas a Prueba de Fallos eliminan la posibilidad de que algo se haga mal. Como ejemplo más claro de este tipo de sistemas se ha hablado del *Poka Yoke*. Habría que decir que los japoneses son los pioneros mundiales en Sistemas a Pruebas de Fallos, y tienen un dicho que resume toda su filosofía al respecto:

"Es bueno hacer las cosas bien a la primera.

Es mejor hacer que sea imposible hacer las cosas mal a la primera"

Los principios de un Sistema a Prueba de Fallos son los siguientes:

- Respetar la inteligencia de los trabajadores. No son máquinas, sino personas.
- Eliminar las tareas o acciones repetitivas que requieran estar constantemente alerta o recordar cosas.
- No es aceptable cometer siquiera un pequeño número de errores. El objetivo es el de tener cero defectos.

Para diseñar un correcto Sistema a Prueba de Fallos hay que tener claro que existe una gran diferencia entre Defecto y Error. El Defecto es el Resultado del Error, y el Error es la causa del Defecto. Por ello, al conseguir eliminar la posibilidad de Error, eliminaremos el Defecto. Históricamente muchos procesos implementaban controles de inspección que identificaban los defectos y evitaban que estos llegaran al cliente. En este caso el objetivo es identificar el error primero e implementar las medidas necesarias para que no tenga lugar.

Pero, ¿por qué ocurren los errores? Existen varias razones:

- Procedimientos incorrectos
- Excesiva variación en el proceso
- Excesiva variación en el aporte
- Dispositivos de medida poco precisos
- Error humano

Quizás este último, el error humano sea sobre el que más se preste atención. Dicho error humano puede ser de varios tipos:

- Olvido (falta de concentración)
- Error de comunicación (entender mal las instrucciones)
- Error de identificación (confundir los elementos)
- Error provocado por falta de preparación/formación
- Error deliberado (ignorar las instrucciones)
- Error debido a falta de parámetros (no saber con certeza cuando es OK o NOK)
- Error intencionado (sabotaje)

Este Sistema tiene por objetivo eliminar todo posible error humano de la ecuación. Para ello hay que ir más allá y saber qué circunstancias provocan el fallo humano. Una vez eliminadas dichas circunstancias, se elimina el error humano. Algunas de ellas son:

- Realización de ajustes en las máquinas
- Cambios de máquinas
- Muchas piezas / piezas mezcladas
- Muchas operaciones
- Lotes cortos y diferentes
- Falta de criterios de aprobación / criterios incorrectos
- Simetría / Asimetría
- Repeticiones rápidas
- Condiciones ambientales

Es recomendable realizar algún análisis (como, por ejemplo, un Diagrama *Fishbone*) para identificar las causas (circunstanciales o de otro tipo) del error humano y así estar en posición de eliminarlas.

De acuerdo a la visión tradicional los errores son inevitables. Los humanos cometen errores, todo está siempre sujeto a variación y muchas veces los operarios suplen la falta de definición en una tarea buscando la mejor forma de hacer las cosas. Dicha forma no siempre es la correcta, y de ahí que las inspecciones sean necesarias.

De acuerdo a la visión *Six Sigma* los errores se pueden evitar. Quizás no todos se puedan evitar, pero muchos sí que se pueden, y el resto pueden reducirse. Cuantos más errores se eliminen, mejor será la calidad de nuestro resultado, haciendo que la necesidad de inspección sea ínfima o incluso innecesaria.

Los fallos pueden detectarse antes de que sucedan, gracias a la predicción o prevención, o después de ello, gracias a la detección. Obviamente el primer caso es el que buscamos, pero debemos tener ambos en cuenta. Para ambos casos hay tres técnicas principales de eliminación de fallos:

Técnica	Prevención	Detección
Apagado	Cuando se va a cometer un error	Cuando se ha cometido un error
Control	Cuando es imposible que ocurra un error	Elementos defectuosos que no pueden pasar a la fase siguiente
Aviso	Cuando está a punto de ocurrir un fallo	En el instante en el que ha ocurrido un fallo

Como ya se ha comentado, un Sistema a Prueba de Fallos es algo muy subjetivo que depende de muchos factores como para poder dar una metodología definida, de ahí que lo que se hayan explicado son una guías o líneas de pensamiento que ayuden a buscar soluciones. Además de ello, a continuación, se explican diversos ejemplos que podrían arrojar luz sobre las posibilidades de dicho sistema:

- Apagado:
    - o Prevención: Una cámara réflex digital que se apaga si el objetivo no está correctamente colocado o no permite disparar si no hay luz suficiente
    - o Detección: Un horno microondas que se apaga en el momento en el que se calienta demasiado para evitar quemarse.
- Control:
    - o Prevención: Cuando aún había gasolina con plomo y sin plomo, la boca de los depósitos de gasolina sin plomo era más pequeña, para que no pudiera entrar la manguera del surtidor.
    - o Detección: En una granja avícola los huevos pasan por unas raseras. Así se aseguran de que los huevos de un tamaño inferior no se venden como Clase A.
- Aviso:
    - o Prevención: Los coches actuales tienen sistemas que avisan si el conductor no lleva abrochado el cinturón de seguridad.
    - o Detección: Los detectores de humo dan una alarma al detectar humo, posible indicador de un incendio.

6.4.4.- *SPC* (del inglés *Statistical Process Control*, Control Estadístico del Proceso)

El uso de las herramientas matemáticas siempre resulta de utilidad, ya que los actuales avances tecnológicos nos permiten llegar a hacer un seguimiento en tiempo real de nuestro Proceso, proporcionándonos gráficas de desempeño actualizadas y avisarnos de cualquier anomalía.

El cómo definir el tamaño de la muestra a analizar (en el caso de que no se pueda comprobar el 100% de los casos), los datos a recopilar y los parámetros de análisis de nuevo entran en el campo de la subjetividad, teniendo que ser definidos en cada caso de forma particular. Del mismo modo la interpretación de las gráficas de control dependerá del Proceso en particular, ya que habrá casos en los que, aunque parezca lo contrario, el Proceso estará fuera de control.

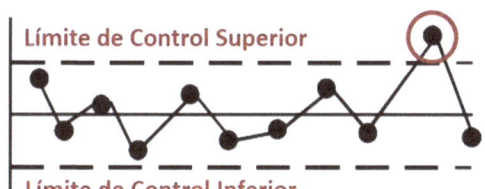 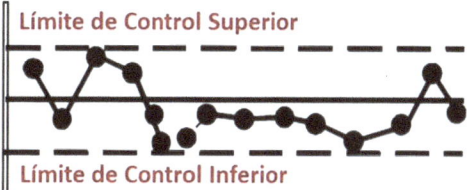

En la figura superior tenemos dos gráficas de control *SPC* con resultados diferentes. En la gráfica de la izquierda se observa que existe un punto que se ha salido fuera de los límites, por lo que podemos deducir que está fuera de control. Por otro lado, en la gráfica de la derecha todos sus puntos se encuentran dentro de los límites de control, por lo que pensaremos que el Proceso está controlado. La realidad es que ambos Procesos están fuera de control. El primero es más fácil de detectar, pero para detectar el segundo deberíamos saber que cuando 9 o más puntos consecutivos de una gráfica de control *SPC* de *Minitab* están un lado de la línea central es señal de que el Proceso está fuera de control. Lo mismo ocurriría si tuviéramos una pendiente continuada de 6 o más puntos, pero ello sólo se sabe al estar familiarizado con dichas gráficas.

Otro de los problemas que presenta el *SPC* es que, frente a un dato que se sale fuera de las gráficas de control, no es fácil definir si dicha variación es debida a una causa extraordinaria, lo que haría que el defecto raramente pudiera volver a reproducirse, o es debida a una causa común, en cuyo caso el Proceso ha variado y hay que volver a "ponerlo en su sitio".

6.5.- Resumen

Al final de esta fase tendremos que haber realizado las siguientes acciones:

- Establecer la forma en la que nuestra mejora del Proceso será monitorizada a través de un Plan de Calidad.
- Definir unos límites superior e inferior para Y (LSL, USL).
- Revisar el sistema de medida para tener la confianza de que los datos del "nuevo Proceso" son correctos y fiables.
- Aplicar, si es posible, un Sistema a Prueba de Fallos.
- Establecer las gráficas de control a utilizar.
- Asignar la responsabilidad de cada una de las partes del Plan de Calidad.
- Proporcionar una Gestión de Riesgos completa.

Una vez realizadas estas acciones ya podremos decir que el Proyecto ha terminado por parte del equipo *Six Sigma*. Únicamente quedaría guardar la información en la base de datos de Calidad de la empresa y prepararse para el siguiente proyecto.

¡Un saludo!